# Werkstückbegleitender Informationsspeicher als Basis für ein informationstechnisches Konzept für Halbleiterfertigungen

von der Fakultät Fertigungstechnik der
Universität Stuttgart zur Erlangung der
Würde eines Doktor-Ingenieur (Dr.-Ing.)
genehmigte Abhandlung

vorgelegt von
Dipl.-Ing. Klaus-Dieter Sauter
aus Bad Cannstatt

Hauptberichter: Professor Dr.-Ing. H.-J. Warnecke,
Dr. h.c. Dr.-Ing. E.h.

Mitberichter: Professor Dr.-Ing. habil. E. Lüder

Tag der Einreichung: 19. Januar 1990
Tag der mündlichen Prüfung: 25. Juli 1990

# Klaus-Dieter Sauter

# Werkstückbegleitender Informationsspeicher als Basis für ein informationstechnisches Konzept für Halbleiterfertigungen

Mit 55 Abbildungen

Springer-Verlag
Berlin Heidelberg New York London
Paris Tokyo Hong Kong Barcelona 1990

Dipl.-Ing. Klaus-Dieter Sauter
Fraunhofer-Institut für Produktionstechnik und Automatisierung (IPA), Stuttgart

Prof. Dr.-Ing. Dr. h. c. Dr.-Ing. E.h H. J. Warnecke
o. Professor an der Universität Stuttgart
Fraunhofer-Institut für Produktionstechnik und Automatisierung (IPA), Stuttgart

Prof. Dr.-Ing. habil. H.-J. Bullinger
o. Professor an der Universität Stuttgart
Fraunhofer-Institut für Arbeitswirtschaft und Organisation (IAO), Stuttgart

D 93

ISBN-13: 978-3-540-53236-1     e-ISBN-13: 978-3-642-47941-0
DOI: 10.1007/978-3-642-47941-0



Gesamtherstellung: Copydruck GmbH, Heimsheim
2362/3020−543210

<u>Geleitwort der Herausgeber</u>

Futuristische Bilder werden heute entworfen:

o Roboter bauen Roboter,

o Breitbandinformationssysteme transferieren riesige Datenmengen in
  Sekunden um die ganze Welt.

Von der "menschenleeren Fabrik" wird da gesprochen und vom "papierlo-
sen Büro". Wörtlich genommen muß man beides als Utopie bezeichnen,
aber der Entwicklungstrend geht sicher zur "automatischen Fertigung"
und zum "rechnerunterstützten Büro". Forschung bedarf der Perspektive,
Forschung benötigt aber auch die Rückkopplung zur Praxis - insbesondere im Bereich der Produktionstechnik und der Arbeitswissenschaft.

Für eine Industriegesellschaft hat die Produktionstechnik eine Schlüs-
selstellung. Mechanisierung und Automatisierung haben es uns in den
letzten Jahren erlaubt, die Produktivität unserer Wirtschaft ständig
zu verbessern. In der Vergangenheit stand dabei die Leistungssteigerung
einzelner Maschinen und Verfahren im Vordergrund. Heute wissen wir, daß
wir das Zusammenspiel der verschiedenen Unternehmensbereiche stärker
beachten müssen. In der Fertigung selbst konzipieren wir flexible Fertigungssysteme, die viele verkettete Einzelmaschinen beinhalten. Dort,
wo es Produkt und Produktionsprogramm zulassen, denken wir intensiv
über die Verknüpfung von Konstruktion, Arbeitsvorbereitung, Fertigung
und Qualitätskontrolle nach. Rechnerunterstützte Informationssysteme
helfen dabei und sollen zum CIM (Computer Integrated Manufacturing)
führen und CAD (Computer Aided Design) und CAM (Computer Aided Manufacturing) vereinen. Auch die Büroarbeit wird neu durchdacht und mit
Hilfe vernetzter Computersysteme teilweise automatisiert und mit den
anderen Unternehmensfunktionen verbunden. Information ist zu einem
Produktionsfaktor geworden, und die Art und Weise, wie man damit umgeht,
wird mit über den Unternehmenserfolg entscheiden.

Der Erfolg in unseren Unternehmen hängt auch in der Zukunft entscheidend von den dort arbeitenden Menschen ab. Rationalisierung und Automatisierung müssen deshalb im Zusammenhang mit Fragen der Arbeitsgestal-
tung betrieben werden, unter Berücksichtigung der Bedürfnisse der Mitarbeiter und unter Beachtung der erforderlichen Qualifikationen. Investitionen in Maschinen und Anlagen müssen deshalb in der Produktion wie
im Büro durch Investitionen in die Qualifikation der Mitarbeiter be-
gleitet werden. Bereits im Planungsstadium müssen Technik, Organisation
und Soziales integrativ betrachtet und mit gleichrangigen Gestaltungs-
zielen belegt werden.

Von wissenschaftlicher Seite muß dieses Bemühen durch die Entwicklung
von Methoden und Vorgehensweisen zur systematischen Analyse und Verbesserung des Systems Produktionsbetrieb einschließlich der erforderlichen Dienstleistungsfunktionen unterstützt werden. Die Ingenieure
sind hier gefordert, in enger Zusammenarbeit mit anderen Disziplinen,
z. B. der Informatik, der Wirtschaftswissenschaften und der Arbeitswissenschaft, Lösungen zu erarbeiten, die den veränderten Randbedingungen
Rechnung tragen.

Beispielhaft sei hier an den großen Bereich der Informationsverarbeitung im Betrieb erinnert, der von der Angebotserstellung über Konstruktion und Arbeitsvorbereitung, bis hin zur Fertigungssteuerung und Qualitätskontrolle reicht. Beim Materialfluß geht es um die richtige Aus-

wahl und den Einsatz von Fördermitteln sowie Anordnung und Ausstattung
von Lagern. Große Aufmerksamkeit wird in nächster Zukunft auch der
weiteren Automatisierung der Handhabung von Werkstücken und Werkzeugen sowie der Montage von Produkten geschenkt werden.

Von der Forschung muß in diesem Zusammenhang ein Beitrag zum Einsatz
fortschrittlicher intelligenter Computersysteme erfolgen. Planungs-
prozesse müssen durch Softwaresysteme unterstützt und Arbeitsbedingun-
gen wissenschaftlich analysiert und neu gestaltet werden.

Die von den Herausgebern geleiteten Institute, das

- Institut für Industrielle Fertigung und Fabrikbetrieb der Universität
  Stuttgart (IFF),

- Fraunhofer-Institut für Produktionstechnik und Automatisierung (IPA),

- Fraunhofer-Institut für Arbeitswirtschaft und Organisation (IAO)

arbeiten in grundlegender und angewandter Forschung intensiv an den
oben aufgezeigten Entwicklungen mit. Die Ausstattung der Labors und
die Qualifikation der Mitarbeiter haben bereits in der Vergangenheit
zu Forschungsergebnissen geführt, die für die Praxis von großem
Wert waren. Zur Umsetzung gewonnener Erkenntnisse wird die Schriftenreihe "IPA-IAO - Forschung und Praxis" herausgegeben. Der vorliegende
Band setzt diese Reihe fort. Eine Übersicht über bisher erschienene
Titel wird am Schluß dieses Buches gegeben.

Dem Verfasser sei für die geleistete Arbeit gedankt, dem Springer-
Verlag für die Aufnahme dieser Schriftenreihe in seine Angebotspa-
lette und der Druckerei für saubere und zügige Ausführung. Möge das
Buch von der Fachwelt gut aufgenommen werden.

H. J. Warnecke · H.-J. Bullinger

# Vorwort

Das vorliegende Buch entstand während meiner Tätigkeit als wissenschaftlicher Mitarbeiter am Fraunhofer-Institut für Produktionstechnik und Automatisierung (IPA), Stuttgart. Zum Dank für das entgegengebrachte Verständnis widme ich das Buch meiner Frau und meinem Sohn.

Herrn Professor Dr.-Ing. Dr. h.c. Dr.-Ing. E.h. H.-J.Warnecke danke ich für seine wohlwollende Unterstützung und Förderung meiner Arbeit.

Mein Dank gilt in gleicher Weise Herrn Professor Dr.-Ing habil. E.Lüder für die Durchsicht der Arbeit und die Übernahme des Mitberichtes.

Ferner danke ich allen Kolleginnen und Kollegen die mich durch ihre Mitarbeit und anregende Kritik unterstützt haben, insbesondere Herrn Dipl.-Ing S.Wohnhas, Herrn Dipl.-Ing. W.Schäfer und Herrn Dr.-Ing. R.Herz. Mein besonderer Dank gilt Herrn Prof. Dr.-Ing. A.Mack für seine ausdauernde Diskussionsbereitschaft und seine befruchtenden Anregungen.

Stuttgart, August 1990                        Klaus-Dieter Sauter

# Inhaltsverzeichnis

# Abkürzungen und Formelzeichen

| | | |
|---|---|---|
| k | | Konstante |
| $n_{Prozeß}$ | | Anzahl der Prozeßschritte |
| $n_{Umhorde}$ | | Anzahl der Umhordeschritte |
| $Y_{ges}$ | % | Gesamtfertigungsausbeute |
| $Y_F$ | % | Ausbeute der Chipfertigung |
| $Y_T$ | % | Testausbeute |
| $Y_M$ | % | Montageausbeute |
| ASCII | | American Standard Code for Information Interchange |
| ASIC | | Application Specific Integrated Circuit |
| BE | | Be-/Entladestation |
| BF | | Bedienfunktion |
| CAD | | Computer Aided Design |
| CAM | | Computer Aided Manufacturing |
| CAP | | Computer Aided Planning |
| CAQ | | Computer Aided Quality Control |
| CCD | | Charge Coupled Device |
| CIM | | Computer Integrated Manufacturing |
| CPU | | Central Processing Unit |
| CVD | | Chemical Vapor Deposition |
| DIN | | Deutsches Institut für Normung |
| DRAM | | Dynamical Random Access Memory |
| DTF | | Datenträgerfunktion |

| | |
|---|---|
| DT | Datenträger |
| EDV | Elektronische Datenverarbeitung |
| EIA | Electronics Industry Association |
| EPROM | Erasable Programmable Read-Only Memory |
| E$^2$PROM, EEPROM | Electrically Erasable Programmable Read-Only Memory |
| GEM | Generic Equipment Model |
| IC | Integrated Circuit |
| IHD | Intelligenter Hordendatenträger |
| I$^2$C, IIC | Inter Integrated Circuit |
| I/O | Input/Output |
| IR | Infrarot |
| ISO | International Standardization Organization |
| KB | KiloByte |
| KE | Kontaktierungseinheit |
| KIN | Kuhnke-Industrie-Netz |
| LAN | Local Area Network |
| LCD | Liquid Crystal Display |
| LF | Lesefunktion |
| MAP | Manufacturing Automation Protocol |
| Mb | Megabit |
| MIPS | Million Instructions per Second |
| MRP | Materials and Resource Planning |
| OCR | Optical Character Recognition |
| OEM | Original Equipment Manufacturer |

| | |
|---|---|
| OSI | Open Systems Interconnection |
| PC | Personal Computer |
| PGI | Periphere Geräteintelligenz |
| PP | Polypropylen |
| PPS | Produktionsplanung und -steuerung |
| PTFE | Polytetraflourethylen |
| RAM | Random Access Memory |
| SDLC | Synchronous Data Link Control |
| SECS | Semiconductor Equipment Communication Standard |
| SEMI | Semiconductor Equipment and Materials Institute |
| SF | Systemfunktion |
| SITF | SEMI Implementation Task Force |
| SLF | Schreib-/Lesefunktion |
| SMD | Surface Mounted Device |
| SMIF | Standardized Mechanical Interface |
| SPS | Speicherprogrammierbare Steuerung |
| TCP/IP | Transmission Control Protocol/Internet Protocol |
| UE | Übertragungseinheit |
| UV | Ultraviolett |
| VLSI | Very Large Scale Integration |
| ZS | Zellenserver |

# 1 Einleitung

Die Halbleiterfertigung hat als Schlüsseltechnologie eine existenzielle Bedeutung für eine Industrienation /63/. 3 Millionen Arbeitsplätze hängen in der Bundesrepublik Deutschland von der Mikroelektronik ab. Insgesamt erwirtschafteten die von der Mikroelektronik beeinflußten Industriezweige (Maschinenbau, Fahrzeugbau, Elektrotechnik, Feinmechanik, Optik, Büro- und Datentechnik) im Jahr 1988 bereits 60 % des bundesdeutschen Industrieumsatzes.

Demgegenüber steht die Abhängigkeit der Bundesrepublik von japanischen und amerikanischen Chipproduzenten. Nur ein Drittel der benötigten Chips werden im Inland hergestellt. Aufgrund der strategischen Bedeutung muß zumindest der Eigenbedarf (ca. 6 % Weltmarktanteil) im Lande gedeckt werden können. Dies erfordert nicht nur prozeßtechnische Entwicklungen großen Umfangs, sondern auch die Entwicklung einer konkurrenzfähigen, wirtschaftlichen Fertigungstechnik zur Halbleiterherstellung.

## 1.1 Problemstellung

Die Forderungen nach Wirtschaftlichkeit und Konkurrenzfähigkeit bei der Produktion von Halbleiterbauelementen verlangen die Erhöhung der Ausbeute, Verkürzung der Durchlaufzeit und Verringerung der Personalkosten /7/. Hinzu kommen künftige Anforderungen durch kleinere Strukturen, steigende Scheibendurchmesser und steigende Variantenzahlen /8, 9/. Die größten Automatisierungspotentiale liegen nach Angaben von VLSI Research /10/ im CAM-Bereich. Nach diesen Angaben können Maßnahmen im CAM-Bereich zu 40 % zur Ausbeuteerhöhung und zu 25 % zur Erhöhung der Verfügbarkeit der Fertigung beitragen /11/.

Typisch für die Chipfertigung ist unter anderem der Mischcharakter von Labor- und Produktionslinie mit hohem Anteil an manuellen Eingriffen und einer hohen Anzahl meist sehr komplexer Fertigungsgeräte mit unterschiedlichem Automatisierungsgrad /12, 13/. Neben einigen weiteren Charakteristika (Bild 1.1) wirken diese spezifischen Merkmale der Halbleiterfertigung erschwerend auf den Automatisierungsprozeß. Die Notwendigkeiten einer Erhöhung des Automatisierungsgrades und die Ursachen für die Behinderung der Automatisierung in bestehenden Halbleiterfertigungen sind in Bild 1.1 gegenübergestellt. Aus dieser Konfliktsituation resultieren wesentliche Ursachen für einen insgesamt niedrigen Automatisierungsgrad und das hohe Fehlerpotential in der Fertigung. Lösungen für eine Erhöhung des Automatisierungsgrades sind jedoch zwingend erforderlich, da durch die immer höhere Anzahl von Prozeßschritten und die wachsende Prozeßkomplexität die Anforderungen der Fertigung nur durch die rechnerunterstützte Kontrolle und Steuerung des Fertigungsablaufs erreichbar sind /14, 16/. Besonders große Defizite und Schwierigkeiten aufgrund der Heterogenität der Fertigungskomponenten und des Mangels an Systemlösungen sind im Bereich der Informationsverarbeitung auf Fertigungsebene zu verzeichnen /15/.

| Auswirkungen auf die Automatisierung | Behinderung | Unterstützung |
| --- | --- | --- |
| Reinraumbedingungen von Umgebung und Hilfsstoffen | X | |
| Produktkomplexität | X | |
| standardisierte Werkstückform | | X |
| Laborcharakter der Fertigung | X | |
| hohe Anzahl von Fertigungsschritten | X | |
| geringe Anzahl von Grundprozessen | | X |
| Manuell-/Automatik Mischbetrieb | X | |
| Standardisierungsdefizit | X | |
| rasche Produkterneuerung | X | |

Bild 1.1:   Merkmale der Halbleiterfertigung und ihre Auswirkung auf die Automatisierung

## 1.2   Zielsetzung und Vorgehensweise

Ziel der vorliegenden Arbeit ist die Konzeption einer optimierten Informationsstruktur für Halbleiterfertigungen im Bereich der operativen Fertigungsebene bis unterhalb der Leitebene der Chipfertigung (Bild 1.2). Dafür soll untersucht werden, inwieweit sich mit Hilfe werkstückbegleitender Informationsspeicher ein optimiertes informationstechnisches Konzept für Chipfertigungen aufbauen läßt. Die Anforderungen an das Informationssystem sollen direkt aus den fertigungstechnischen Merkmalen und Schwachstellen der Chipfertigung abgeleitet werden. Als Ansatzpunkt wird die Senkung der Fertigungsausbeute durch Fehlprozessierung gewählt, da sich hier die Schwachstellen der derzeit eingesetzten Informationsverarbeitung aus wirtschaftlicher Sicht besonders deutlich auswirken. Zur Verifizierung des Ansatzes soll die Umsetzung in ein Gerätesystem und die pilotartige Integration in die Fertigung  dienen.

Dem Charakter der Aufgabenstellung angepaßt, werden für das weitere Vorgehen Ansätze aus der Systemtechnik /17, 18/ gewählt. Dies erlaubt eine rein wirkungsbe-

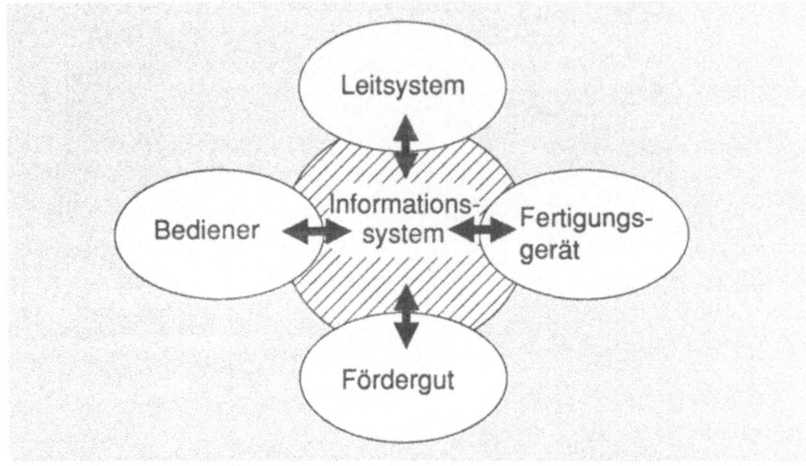



Bild 1.2:    Systemgrenzen des Informationssystems

zogene Lösungsentwicklung bis zur Konzeption. Mit dieser Methode wird ein hohes Innovationspotential durch Trennung von wirkungsbezogener und strukturbezogener Betrachtungsweise erschlossen.

Der Stand der Technik in der Halbleiterfertigung hinsichtlich der für die Aufgabenstellung relevanten Bereiche dient zu einer kurzen Darstellung der Ausgangssituation und zur Erarbeitung der strukturbezogenen Problemfeldelemente. Ausgehend von den Ergebnissen einer wirkungsbezogenen Analyse des Anwendungsbereiches wird das Zielfeld definiert und die Anforderungen an ein System abgeleitet. Anhand dieser Anforderungen werden die systemspezifischen Eigenschaften und Schnittstellen erarbeitet und das Gesamtsystem konzipiert. In einem weiteren Arbeitsschritt folgt die Überprüfung der prinzipiellen Funktionen des konzipierten Systems an einem Realisierungsbeispiel. Für die Vorgehensweise in diesem Arbeitsschritt wird eine funktionsorientierte, morphologische Methode gewählt. Dabei wird sowohl ein Hardware- als auch ein Software-Konzept vorgestellt und die jeweiligen Einzelfunktionen beschrieben. Nach einer Bewertung des entwickelten Systems werden Anwendungsmöglichkeiten in einer Halbleiterfertigungslinie sowie daraus resultierende Entwicklungsmöglichkeiten aufgezeigt.

# 2 Stand der Technik

## 2.1 Begriffe und Definitionen

**Materialfluß**

Das Fördergut setzt sich im wesentlichen aus **Werkstücken (Halbleiterscheiben)** und **Werkzeugen (Belichtungsmasken)** für die optische Lithographie sowie aus den zugehörigen Förderhilfsmitteln zusammen. Die **Halbleiterscheiben (engl.: Wafer)**, werden in **umschließenden Förderhilfsmitteln**, den **Kassetten (engl.: Carrier)**, in **Horden (engl.: Batch)** zu meist 25 Stück transportiert . Für **Belichtungsmasken (engl.: Mask, Reticle)** werden inzwischen Förderhilfsmittel derselben Art eingeführt. Die Kassetten befinden sich ihrerseits während Transport und Lagerung in **abschließenden Förderhilfsmitteln**, den **Behältern (engl.: Box)**. Dabei handelt es sich um Kunststoffboxen, die 1 oder 2 Transportkassetten mit je 25 Wafern aufnehmen. Für eine automatisierte Beladung sind sogenannte SMIF-Boxen am Markt verfügbar, die eine standardisierte mechanische Schnittstelle verwenden und eine Transportkassette mit 25 Wafern aufnehmen können.

**Fertigungssteuerung**

Ein **Arbeitsgang** wird in mehrere **Arbeitsschritte** unterteilt. Die sequentielle Abfolge aller Arbeitsgänge wird als **Arbeitsgangfolge** bezeichnet. In einem Fertigungsraum können mehrere Arbeitsgänge durchgeführt werden. Bei einer **Horde** handelt es sich um eine - meist temporäre -Einheit von Scheiben, die in mindestens einem Arbeitsschritt gemeinsam prozessiert werden. Der Umfang einer Horde ist hauptsächlich von der Gerätekapazität abhängig, überwiegend entspricht er jedoch der Transporteinheit von 25 Scheiben. Der Begriff des **Loses (engl.: Lot)** bezeichnet die - meist permanent für den gesamten Fertigungsablauf gültige - Einheit von Scheiben, die vom PPS-System aufgrund ihrer gleichartigen oder ähnlichen Auftrags- und Produktdaten als Fertigungseinheit zusammengestellt werden. Der Umfang eines Loses kann je nach Struktur und Organisation der Fertigung eine oder mehrere Horden betragen. Häufig werden die Begriffe Los und Horde synonym gebraucht.

**Fertigungsorganisation**

In einem **Fertigungsgerät (engl.: Equipment)** werden Scheiben bearbeitet und/oder kontrolliert. Ein Fertigungsgerät kann unter Umständen einen ganzen **Arbeitsschritt** beinhalten, der sich in mehrere **Teilschritte** untergliedert. Unter einer **Fertigungszelle (engl.: Workcell, Equipment-Cluster)** wird hier in Anlehnung an die - überwiegend englischsprachige - Literatur zu diesem Thema /106, 102/ eine Kombination von gleichartigen oder ungleichartigen Fertigungsgeräten verstanden, welche in der Lage sind, mindestens einen **kompletten Arbeitsgang mit verschiedenen Varianten der Arbeitsschritte und Teilschritte** an den Scheiben durchzuführen. Die Analyse der funktionellen Eigenschaften einer Fertigungszelle in der Halbleiterfertigung legen allerdings eher den Vergleich mit einem flexiblen Fertigungssystem (engl.:

Flexible Manufacturing System) nahe. Die Halbleiterfertigungszelle entspricht also funktionell einem flexiblen Fertigungssystem für die Teilefertigung im Maschinenbau nach Definition von Dolezalek, Warnecke und Mertins /122, 71, 43/.

## 2.2    Chipfertigung

Für die zur Chipfertigung notwendigen Bearbeitungsschritte stehen derzeit hauptsächlich die Grundprozesse nach Bild 2.1 zur Verfügung. Der Fertigungsablauf

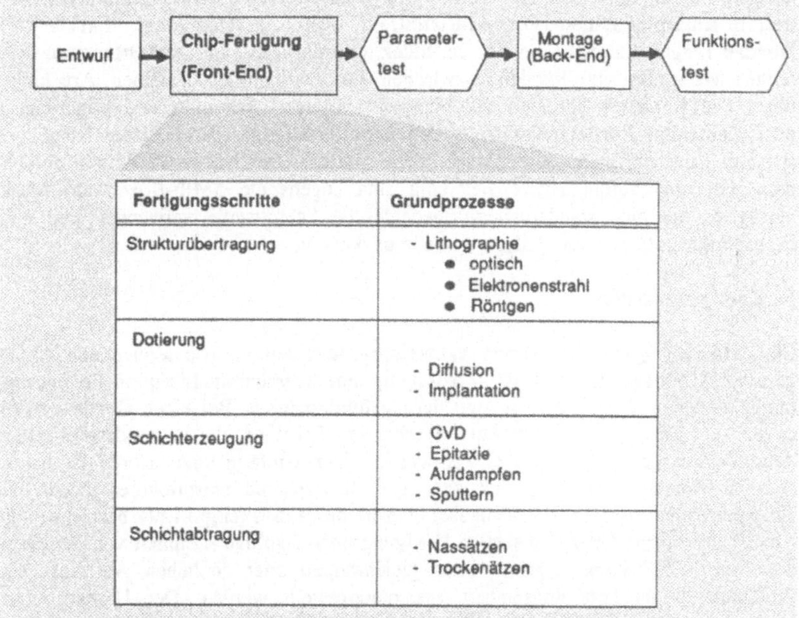


| Fertigungsschritte | Grundprozesse |
| --- | --- |
| Strukturübertragung | - Lithographie<br>  ● optisch<br>  ● Elektronenstrahl<br>  ● Röntgen |
| Dotierung | - Diffusion<br>- Implantation |
| Schichterzeugung | - CVD<br>- Epitaxie<br>- Aufdampfen<br>- Sputtern |
| Schichtabtragung | - Nassätzen<br>- Trockenätzen |

Bild 2.1:    Bearbeitungsschritte und Prozesse bei der Chipherstellung

besteht aus Wiederholungen und Kombinationen dieser Prozesse unter Verwendung verschiedenster Prozeßmedien (Gase, Flüssigkeiten, Feststoffe) /19, 20, 21, 22/. Für die Fertigung eines 1 Megabit-Speicherbausteins (DRAM) sind beispielsweise ca. 300 Prozeßschritte mit insgesamt 15 Strukturübertragungen (Maskenebenen) notwendig /23/. Für diese Prozesse stehen ca. 25 grundsätzlich unterschiedliche Typen von Fertigungsgeräten zur Verfügung. Je nach geforderter Kapazität der Fertigungslinie kommen bis zu 200 Fertigungsgeräte in einer Linie zum Einsatz /69, 24/. Eine Halbleiterscheibe hat derzeit einen Durchmesser von bis zu 200 mm und enthält bis zu mehreren hundert Chips. Bei der Herstellung von kundenspezifischen Schaltungen (ASIC) können sich auf einer Scheibe auch unterschiedliche Chips befinden /25/. Der Wert einer Scheibe kann je nach Produkt und Fertigstellungsgrad bis zu 10.000 DM betragen /103/.

## 2.3 Gerätetechnik

Die für die Chipfertigung zur Verfügung stehende Gerätetechnik stellt sich ausgesprochen vielfältig und heterogen dar. Dies resultiert zum einen aus der unterschiedlichen Herkunft der Geräte (1986: USA 56 %, Japan 40 %, Europa 4 %, /26/) und dem Mangel an Standardisierung /27/. Zum anderen ist dies auf die unterschiedliche Komplexität der Prozeßgeräte hinsichtlich mechanischer Schnittstellen, Logistik, Datenschnittstellen, Handhabung, Prozeßrandbedingungen, Anzahl der Prozeßschritte und Automatisierungsgrad zurückzuführen /21, 28/. Neben prozeßorientierten, aufgabenbezogenen Einteilungsmöglichkeiten für Halbleiterfertigungsgeräte kann eine Unterscheidung nach fertigungstechnischen Merkmalen entsprechend Bild 2.2 getroffen werden.

**Untergliederung der Halbleiterfertigungsgeräte**

Varianten der Realisierung:

| Arbeitsweise | Automatisierungsgrad | Materialflussschnittstelle | Fördergutlogistik | Informationsflussschnittstelle | Steuerungsarchitektur |
|---|---|---|---|---|---|
| | | | | | workstation |
| | | | | MAP | PC |
| | | | | SECS I/II | SPS |
| mehrere Horden | | SMIF | mehrere Input/Output | RS 232 C | Mikroprozessor |
| Horde | Kassette zu Kassette | Kassette | Input/Output getrennt | binär | Relais |
| Einzelscheibe | manuell | Einzelscheibe | Input/output kombiniert | keine | manuell |

Fertigungstechnische Merkmale

Bild 2.2: Varianten gerätetechnischer Merkmale bei Halbleiterfertigungsgeräten

Kassette zu Kassette automatisierte Fertigungsgeräte (engl.: Cassette to Cassette Equipment) /31/ finden zunehmende Verbreitung. Für 150 mm Scheibendurchmesser sind bereits 90 % der Fertigungsgeräte als Kassette zu Kassette automatisiert erhältlich /32/. 1984 wurde, aufbauend auf der Kassette zu Kassette Automatisierung, von Hewlett-Packard erstmals ein Standard für eine mechanische Schnittstelle zur Gerätebe- und -entladung (SMIF: Standard Mechanical Interface) vorgeschlagen /3, 6/ und 1986 von SEMI /2/ angenommen. Dieses System läßt nur noch einen definierten, kontrollierbaren Zugriff auf die Scheiben zu und schafft damit gute Voraussetzungen für die Automatisierung. Bei Fertigungsgeräten mit SMIF-Schnittstelle wird mit einer größeren Verbreitung gerechnet /29, 30, 55/. Ebenso vielfältig wie die Varianten der Steuerungsarchitektur sind die unterschiedlichen Datenschnittstellen. Eine zunehmende Tendenz zu Schnittstellen mit RS-232-C-Spezifikation und, darauf aufbauend, SECS I/II-Schnittstellen /1/ ist zu verzeichnen /34/. An der Standardisierung von Datenschnittstellen arbeitet SEMI /2/ mit der SITF (Semiconductor Implementation Task Force) durch die Entwicklung des GEM (Generic Equipment Model). In den heutigen Fertigungslinien sind jedoch Gerätekopplungen über Datenschnittstellen nur selten realisiert.

## 2.4    Informationsverarbeitung in der Fertigung

Zur Abgrenzung der einzelnen CIM-Komponenten existieren in der branchenübergreifenden Literatur verschiedene, im wesentlichen jedoch übereinstimmende Definitionen /35, 36/. Merkmal von hochautomatisierten Fertigungen ist insbesondere die Strukturierung der Fertigung vertikal in klar abgegrenzte Organisationsebenen und horizontal in funktional eigenständige Bereiche (z. B. Zellen, Inseln, Zentren) /37, 38, 39, 40, 41, 42, 43/. Erreicht wird dies zunehmend durch dezentrale Gerätearchitekturen mit leistungsfähiger kommunikativer Vernetzung /44, 45, 46/. Mit diesen Strukturen ist ein hoher Automatisierungsgrad bei komplexen Produktionsprozessen erreichbar, wie z. B. die Automobilindustrie zeigt /47, 48/.

In der Halbleiterfertigung kommen überwiegend kommerzielle CAM-Softwareprodukte zum Einsatz, die Prozeßdatenerfassung und Materialverfolgung vereinen. Die Systeme verwalten Los-, Prozeß-, Materialfluß- und Reinraumdaten und bieten noch diverse Zusatzfunktionen (z. B. Managementinformation, Arbeitsplanverwaltung, Kostenerfassung). Sie lassen sich nicht eindeutig entsprechend den üblichen Definitionen der C-Techniken einordnen /50/, sondern vereinen neben den eigentlichen CAM-Funktionen meist Teilfunktionen der unterschiedlichen Bereiche (z. B. CAQ, PPS) in einem System. Als Marktführer sind die Systeme COMETS /51/ und PRO-MIS /52/ zu nennen. Eine horizontale und vertikale Gliederung der Fertigung wird von diesen Systemen kaum unterstützt. Sie sind von ihrer Konzeption her für den manuellen Betrieb der Fertigung ausgelegt und arbeiten mit Terminalein- und -ausgabe /53, 54, 55/. Mängel liegen hauptsächlich in der Bedienerschnittstelle, in der Systemverfügbarkeit sowie in der Kopplung zu den Fertigungsgeräten und zum Fördergut.

Die Datenerfassung wird über Terminaleingabe durch den Bediener vorgenommen. Meist erfolgt die Eingabe nicht sofort, sondern gesammelt für mehrere Fertigungsgeräte (Stapelverarbeitung, off-line). Zwischenzeitlich werden die Daten auf einer Laufkarte schriftlich festgehalten, auf die sich auch sonst die gesamte Prozeßdokumentation, Betriebsdatenerfassung und Fördergutidentifikation stützt. Der Umfang der Laufkarte beträgt häufig 10 - 30 Seiten. Selbst bei Verwendung von reinraumtauglichem Papier ist diese manuelle Art der Fertigungssteuerung und Betriebsdatenerfassung aus Gründen der manuellen Scheibenhandhabung nicht reinraumgerecht und wegen der Verwechslungsgefahr fehlerträchtig.

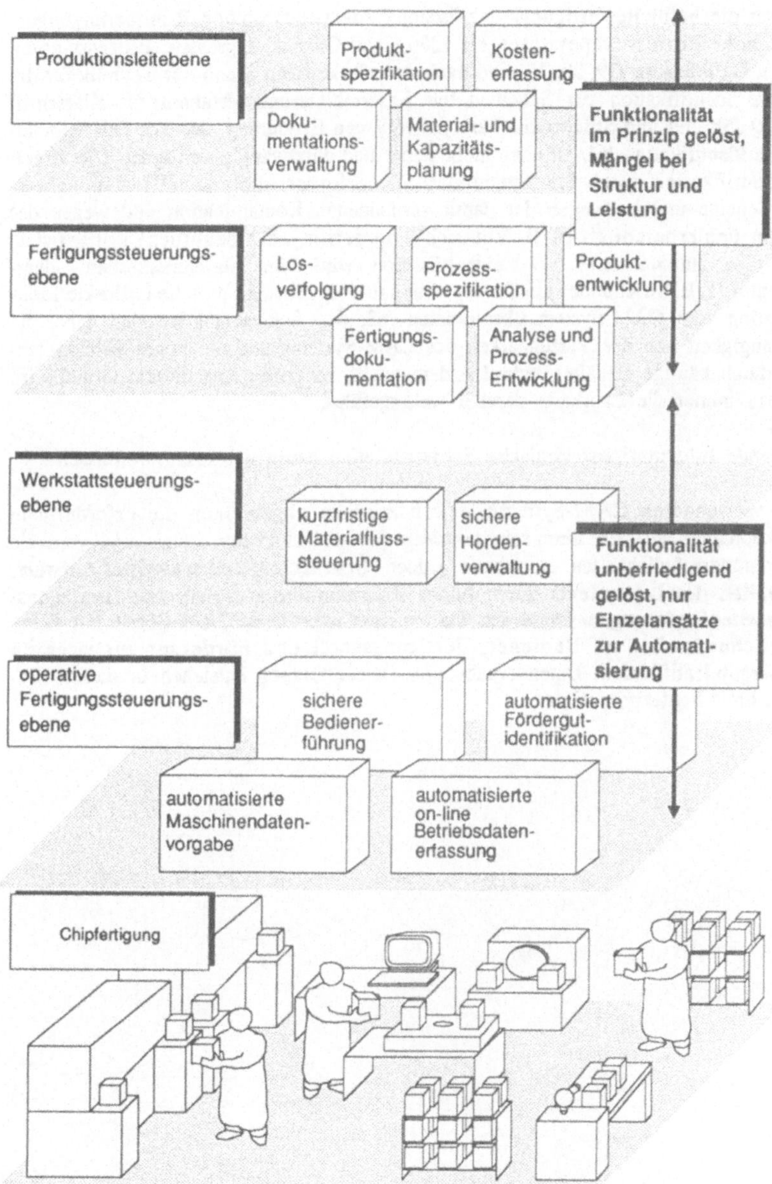


Bild 2.3: Informationsverarbeitung in der Halbleiterfertigung

Durch die halbleiterfertigungsspezifischen prozesstechnischen Randbedingungen, z. B. hohe Prozesstemperaturen bis 1200 Grad Celsius, aggressive Prozessmedien wie z. B.Flußsäure /19, 20, 21/ sind nach dem derzeitigen Stand der Technik für die direkte Identifikation der Scheiben nur Lasermarkierungsverfahren für Klarschrift (OCR) /58, 59/ und Strichcode (Barcode) /60/ von Bedeutung /56, 57/. Die automatisierte Identifikation /61/ ist noch nicht sicher und durchgängig verfügbar. Die visuelle Identifikation durch Schräglichtkontrolle erfordert die manuelle Handhabung der Scheibe und ist wegen der damit verbundenen Kontamination und wegen des hohen Fehlerpotentials (z. B. Verwechslungsgefahr, Scheibenbruch) kritisch /62/. Für eine automatisierte Hordenidentifikation wird eine maschinenlesbare Identnummer (z. B. Strichcode) am Transportbehälter angebracht und die indirekte Identifikation vom CAM-System übernommen /63, 64/. Schwachpunkte sind dabei die Abhängigkeit von der Verfügbarkeit des CAM-Systems und ein hohes Fehlerpotential durch häufige Behälterwechsel und manuelle Eingriffe. Aus diesem Grund wird nahezu immer die Laufkarte parallel weitergeführt.

Folgende **informationstechnische Schwachstellen** lassen sich zusammenfassen:

Die verwendeten CAM-Systeme weisen zwar im allgemeinen die erforderliche Funktionalität auf, aus ihrer rein zentralen Struktur ohne horizontale und vertikale Gliederungsmöglichkeiten resultieren jedoch **Überlastung und schlechtes Antwortverhalten des Leitsystems** durch **hohes Kommunikationsaufkommen und quasi Echtzeitanforderungen.** Durch das **Fehlen einer operativen CAM-Ebene** mit sicheren Schnittstellen zu **Bediener, Fertigungsgerät** und **Fördergut** zur sicheren Fördergutidentifikation, Datenvorgabe und Datenerfassung entstehen in diesem Bereich **hohe Fehlerpotentiale.**

# 3 Analyse von Schwachstellen der Chipfertigung

Im folgenden werden fertigungstechnisch bedingte Fehler der Chipherstellung ermittelt. Dazu wurde eine Analyse von Chipfertigungen hinsichtlich Aspekten von Struktur, Organisation, Material- und Informationsfluß durchgeführt sowie die manuellen Eingriffe in den Fertigungsablauf untersucht. Die Analyseergebnisse sind in der abschließenden Problemfelddefinition zusammengefaßt.

## 3.1 Fehlerursachen in der Chipfertigung

Nach Hughes /65/ ergeben sich für die Gesamtfertigungsausbeute $Y_{ges}$ (engl.: Yield) einer Halbleiterfertigung folgende Zusammenhänge:

$$Y_{ges} = Y_F \cdot Y_T \cdot Y_M$$

mit:

$$Y_F = \frac{\text{Scheibenzahl nach Chipfertigung}}{\text{Scheibenzahl vor Chipfertigung}} \qquad \text{(Fertigungsausbeute)}$$

$$Y_T = \frac{\text{Funktionierende Chips}}{\text{Chips auf Scheibe}} \qquad \text{(Testausbeute)}$$

$$Y_M = \frac{\text{Chips nach Montageprozeß}}{\text{Chips vor Montageprozeß}} \qquad \text{(Montageausbeute)}$$

Hughes nennt typische Werte für Fertigungsausbeuten von 60 % und 95 %, beim Test zwischen 20 % und 60 %, sowie bei der Montage von 85 % bis 95 %. Fertigungs- und Testausbeute werden dabei direkt durch die Fertigungsabläufe in der Chipfertigung bestimmt. Während niedrige Testausbeuten überwiegend durch Kontamination verursacht werden, sind für niedrige Fertigungsausbeuten Fehlprozessierungen (engl.: misprocessing, 47 %), Gerätefehler (27 %), Kontamination (13 %) und Scheibenbruch (13 %) verantwortlich /66/. Da bei Gerätefehlern die Möglichkeiten der Einflußnahme fast ausschließlich beim Gerätehersteller liegen, konzentriert sich die weitere Untersuchung auf die übrigen Ursachen.

Den größten Einfluß auf die fertigungstechnisch bedingten Ausfälle in der Chipfertigung haben also Fehlprozessierungen. Sie werden daher im folgenden näher untersucht. Die Darstellung in Bild 3.1 /67/ macht deutlich /27/, daß wesentliche Ursachen für die Fehlprozessierungen hauptsächlich im Schnittstellenbereich zwischen Materialfluß und Informationsfluß zu suchen sind /68/.

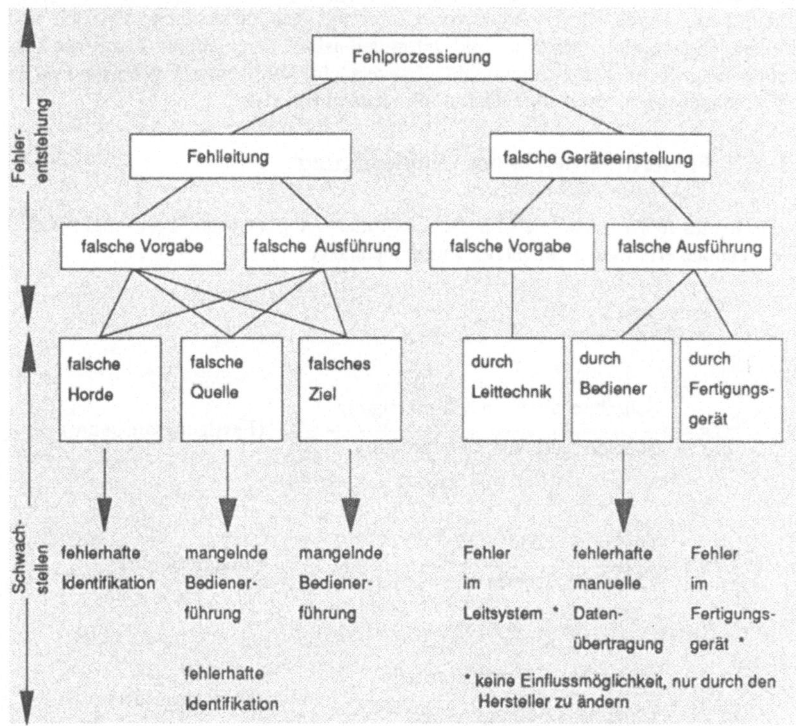


Bild 3.1:  Ermittlung der Ursachen für Fehlprozessierungen

Danach lassen sich **Fehlleitungen auf Fehler bei der Identifikation von Fördergut (Scheiben, Masken) und Förderhilfsmittel (Kassetten und Behälter)** sowie auf Fehler in der Bedienerführung zurückführen. Für **falsche Geräteeinstellung** ist dagegen eine **fehlerhafte Datenübertragung** verantwortlich. Falsche Geräteeinstellungen aufgrund von Fehlern in den Fertigungsgeräten oder im Leitsystem sollen an dieser Stelle nicht weiter verfolgt werden, da hier Möglichkeiten zur Einflußnahme nur seitens des Herstellers bestehen.

## 3.2     Schwachstellen in Organisation und Struktur

### 3.2.1     Fertigungsklassifizierung

Hinsichtlich Produktvarianten, Produktionsmenge und Flexibilität sind die Fertigungen nach Bild 3.2 zu unterscheiden. Eigene Untersuchungen bei Halbleiterherstellern in der Bundesrepublik Deutschland ergaben gegenüber den von Kaempf untersuchten amerikanischen Fertigungen /74/ signifikant höhere Produktvarianten in einer Fertigung.

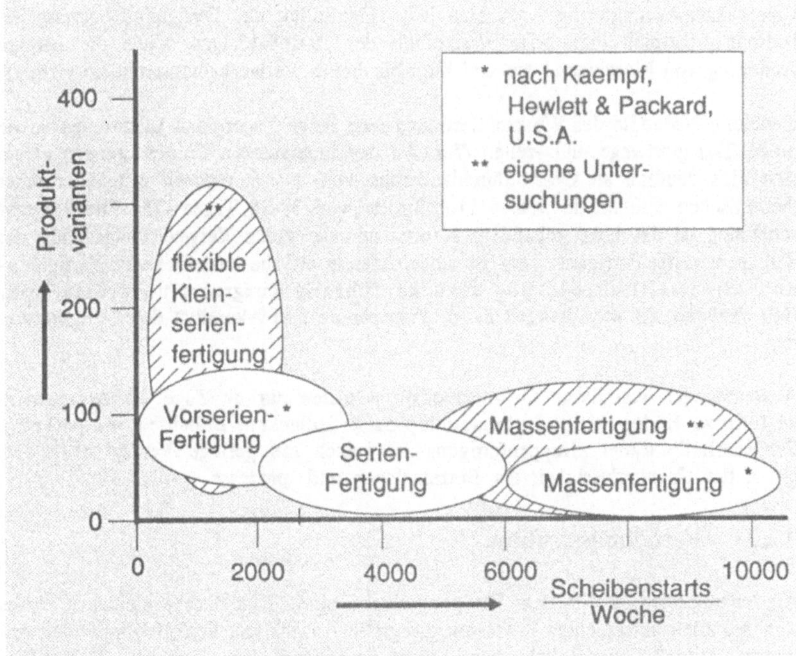


Bild 3.2:    Merkmale  unterschiedlicher  Fertigungsarten

Daraus resultieren die äußerst hohe Verwechslungsgefahr des Fördergutes sowie die hohen Anforderungen an Fertigungssteuerung und Logistik. Erschwerend kommt hinzu, daß neben den unterschiedlichen Bearbeitungszuständen auch die verschiedenen Produktvarianten kaum direkt unterschieden werden können. Direkte Plausibilitätskontrollen sind daher kaum möglich.

## 3.2.2    Fertigungsorganisation

Die Analyse von Chipfertigungen ergab, daß aus prozeß- und versorgungstechnischen Gründen heute überwiegend die Werkstattfertigung /71/ als Organisationsform bevorzugt wird. Gewählt wird diese Organisationsform außerdem, um einen einfachen Übergang von der Erprobungsphase zur Fertigung zu gewährleisten. Die Prozesse müssen nicht mehr vom Labor zur Fertigung übertragen werden, sondern werden auf den späteren Fertigungsanlagen entwickelt und stabilisiert. Dieses Merkmal der Halbleiterfertigung soll im folgenden als Laborcharakter bezeichnet werden.

Dieser Laborcharakter verlangt eine hohe Flexibilität der Fertigungssteuerung. Er bedingt prinzipiell eine hohe Variabilität der Prozeßabfolgen sowie die häufige Änderung von Maschinendaten und birgt ein hohes Verwechslungsrisiko in sich.

Generelle Nachteile der Werkstattfertigung sind lange Lager- und Liegezeiten sowie große Transportwege und -zeiten /72/. An den untersuchten Chipfertigungen zeigte sich dies deutlich an Gesamtdurchlaufzeiten von 2 - 6 Wochen gegenüber einer theoretischen Summe der reinen Prozeßzeiten von 3 - 5 Tagen /73/. Die Folgeerscheinung ist das hohe gebundene Kapital und die große Verwechslungsgefahr der Scheiben in der Fertigung. Dies ist unter anderem auf die unzureichende Fertigungs- und Materialflußsteuerung zurückzuführen. Aufgrund unzureichender Betriebsdatenerfassung mangelt es an Transparenz und Aktualität der Fertigungsdaten.

Abweichungen von dieser Organisationsform waren nur im Zuge der Anlagenverkettung zu finden (z. B. Lithographieprozeß: Belacken, Belichten, Entwickeln). Schwachstelle dieser Gruppenfertigung ist jedoch die geringe Verfügbarkeit aufgrund der Unzuverlässigkeit der Einzelanlagen und -prozesse.

## 3.2.3    Fertigungsstruktur

Als charakteristisch für den Fertigungsablauf eines Halbleiterbauelements erwies sich bei allen untersuchten Prozessen die große Anzahl von Schleifen und Verzweigungen. Bild 3.3 verdeutlicht diese Merkmale anhand eines einfachen Bipolar-Prozesses für einen Logikbaustein /69, 70/.

Diese Struktur bedingt prinzipiell eine hohe Variabilität der Geräteabfolgen und eine häufige Änderung der Maschinenparameter. Dies ist umso mehr von Bedeutung, da durch den ausgeprägten Laborcharakter die Fertigungsvorschriften für Halbleiterbauelemente häufig noch während des Fertigungsablaufs geändert werden.

Bei dem vorliegenden Veredelungsprozeß ist der Bearbeitungszustand der Scheiben nicht direkt feststellbar. In Verbindung mit der zyklischen Fertigungsstruktur ergibt sich daraus eine hohe Verwechslungsgefahr. Insbesondere die häufig durchlaufenen

Lithographie- und Ofenprozesse stellen hohe Anforderungen an die Synchronisation von Scheiben, Masken und Bearbeitungsschritten.

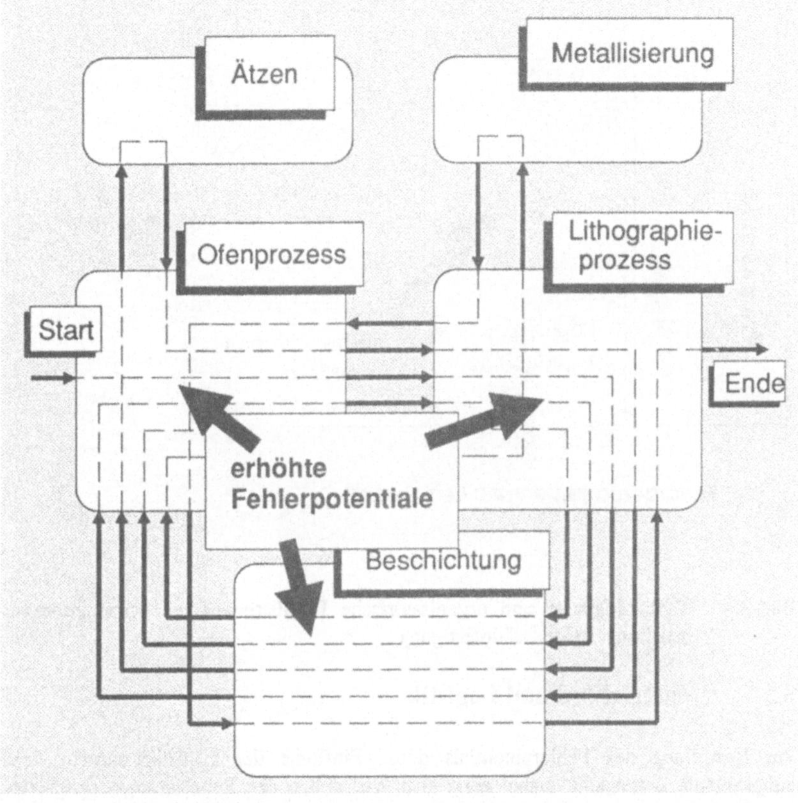


Bild 3.3: Strukturbedingte Entstehung von Fehlerpotentialen in der Chipfertigung

Die Anforderungen an die Informationsverarbeitung variieren also entsprechend den technologischen und organisatorischen Randbedingungen für die einzelnen Fertigungsarten. Bild 3.4 verdeutlicht diese Zusammenhänge und deren Tendenz.

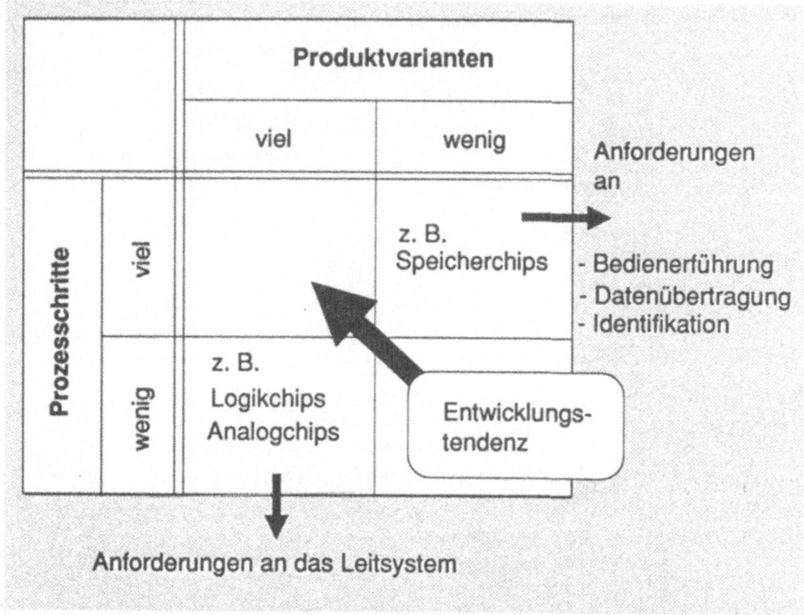


Bild 3.4: Technologische und organisatorische Einflüsse auf die Informationsverarbeitung in der Chipfertigung

## 3.3 Materialfluß und Logistik

Zur Ermittlung des Fehlerpotentials durch Einflüsse der Logistik wurden Fertigungsabläufe untersucht. Dabei zeigt sich, daß neben den Bearbeitungs-, Prüf-, und Reinigungsschritten aus prozeßtechnischen, technologischen, Kontaminations- und Materialflußgründen zusätzlich eine hohe Anzahl von Kassettenwechseln (Umhordeschritten) erfolgen /75/ (Bild 3.5). Für die Zahl der Umhordevorgänge kann folgender Zusammenhang formuliert werden:

$$n_{Umhorde} = k \cdot n_{Prozeß},$$

Die Untersuchungen ergaben Werte von k=0,8 bis k=1,0 für Logik- und Analogchips, sowie von k=1,1 bis 1,4 für Speicherchips. Eine Ursache für diesen Unterschied ist sicher in der häufigen Verwendung von dedizierten Fertigungsgeräten für die einzelnen Fertigungsschritte bei der überwiegend als Massenfertigung ausgebildeten Speicherfertigung zu finden.

Diese Umhordevorgänge finden überwiegend manuell oder teilautomatisiert statt. Neben Fertigungsfehlern aufgrund von Kontamination und Scheibenbruch durch die manuellen Eingriffe beim Umhorden stellen diese Fertigungsschritte aufgrund der Verwechslungsgefahr ein besonders hohes Risikopotential für Fehlprozessierung dar. Dies ist insbesondere auf die mangelnde Sicherheit der heute üblichen Identifikationsmethoden und auf die fehlende Unterstützung der Leitsysteme bei Behälterwechsel, Umhorden, Losmischung und Losspaltung zurückzuführen.

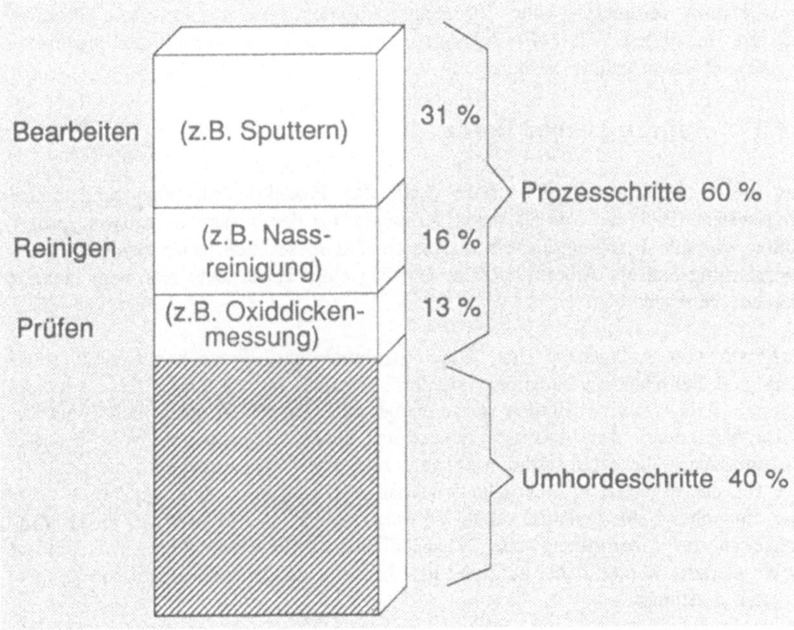


Bild 3.5:    Anteil der Umhordevorgänge am Gesamtprozeß

## 3.4    Schwachstellen in der Informationsverarbeitung

### 3.4.1    Klassifizierung der Daten

Die Analyse der Informationstechnik erfordert in einem ersten Schritt begriffliche Festlegungen und Klassifizierung der Daten. In halbleiterbranchenspezifischen, nahezu ausschließlich aus dem angelsächsischen Sprachraum stammenden Veröffentlichungen /76, 77, 78, 79/ mangelt es an einer exakten und allgemeingültigen Bezeichnungsweise. Auch die übrige Literatur zu diesem Thema weist häufig widersprüchliche und unvollständige Bezeichnungsweisen und Definitionen auf /80, 81, 82, 83/. Eine geschlossene Darstellung für die Produktionsdaten findet sich bei Duelen /84, 85/. Eine geschlossene, eindeutige Begriffsklärung für die Halbleiterfertigung ist daher dringend erforderlich.

## 3.4.2 Struktur des Arbeitsplans

Für jedes Produkt gibt es einen Arbeitsplan, dessen Hauptbestandteile die Produktdaten sind /86/. Weiterhin enthält er Angaben zur Identifikation des zu fertigenden Teils, Informationen über den Arbeitsplatz sowie Angaben zur Lohnfindung und Kostenrechnung /87/. Bei der Fertigung von Halbleiterbauelementen wird häufig während des Fertigungsdurchlaufs einer Horde deren zugehöriger Arbeitsplan geändert. Daraus resultieren hohe Variabilitätsanforderungen an Auftrags-, Produkt- und Betriebsdaten. Diese Forderungen können mit den derzeitigen Methoden (Laufkarte) kaum erfüllt werden.

## 3.4.3 Auftrag, Los und Horde

Für die notwendigen Arbeitsschritte stellt das Produktionsplanungs- und Steuerungssystem (PPS) ein Los als meist permanent für den gesamten Fertigungsprozeß gültige virtuelle Fertigungseinheit zusammen. Für dieses Los gelten dann ein Fertigungsauftrag und ein Arbeitsplan. Der Umfang eines Loses kann eine oder mehrere Horden betragen.

Aufgrund von Anlagenkapazität, Durchsatzoptimierung, Prozeßhomogenität sowie Test- und Füllscheibenverarbeitung werden zusätzlich zu den Losen für einen oder mehrere Arbeitsschritte Horden zusammengestellt. Dieser Vorgang wird üblicherweise nicht durch das Leitsystem unterstützt, sondern eigenständig vom Bediener vorgenommen. Diese Organisation entzieht zum einen dem Leitsystem die Grundlagen für die dringend erforderliche kurzfristige Disposition. Zum anderen entsteht hier ein hohes Fehlerpotential durch Verwechslungen, und es bestehen kaum Möglichkeiten zur Überprüfung oder Plausibilitätskontrolle. Bedeutung und Umfang dieses Defizits werden dabei aufgrund der Tendenz zu kleineren Losgrößen (Kapitel 2) stark zunehmen.

## 3.4.4 Informationsfluß

Hier wurden vor allem Bewegungsdaten betrachtet. Liegt ein hoher Automatisierungsgrad in der Fertigung vor, so kommuniziert der Bediener mit dem Leitsystem über alphanumerische Terminals und/oder Strichcodeleser. In Bereichen, in denen diese Medien nicht zur Verfügung stehen, wird eine Laufkarte eingesetzt. Bei niedrigem Automatisierungsgrad der Fertigung wird ausschließlich mit der Laufkarte gearbeitet.

Bild 3.7 zeigt die Schnittstellen des Informationsflusses in der Fertigung. Dabei wird die zentrale Funktion des Bedieners im Informationsfluß zwischen dem Leitsystem und der Fertigung ersichtlich.

Die gesamten Daten werden im Leitsystem gespeichert. Die häufige Kommunikation mit dem Leitrechner führt zu langen Antwortzeiten. Die hohen Echtzeitanforderungen können dabei nicht erfüllt werden. Bei einem Ausfall des Leitsystems kann auf diese Daten nicht mehr zugegriffen werden, die Aufrechterhaltung der Fertigung ist damit gefährdet. Die manuelle Dateneingabe stellt eine hohe Bedienerbelastung dar und ist fehleranfällig. Durch die Zwischenspeicherung auf der Laufkarte und die stapelweise Übermittlung an das Leitsystem ist eine Aktualität und Transparenz nicht gewährleistet. Das Fördergut wird überwiegend manuell (visuell) identifiziert. Aufgrund der Gleichförmigkeit besteht dabei zusätzlich eine hohe Verwechslungsgefahr.

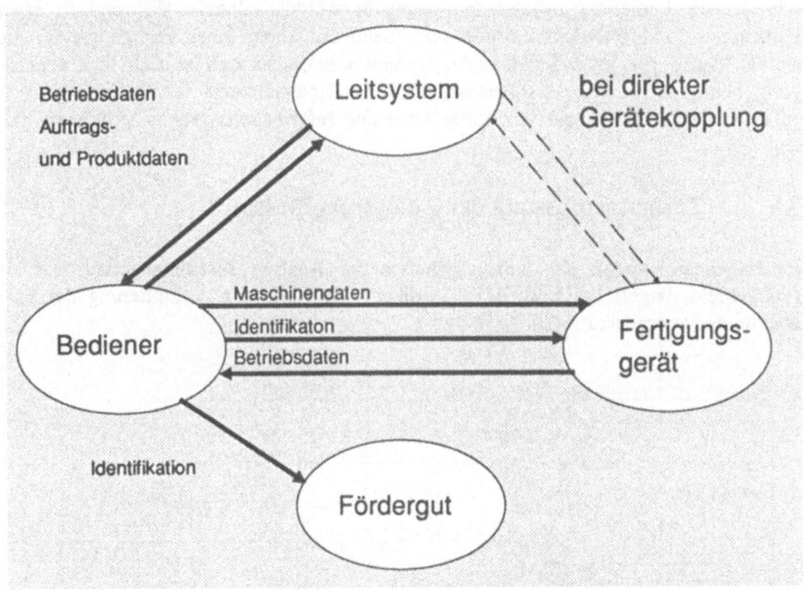


Bild 3.6:   Schnittstellen im Informationsfluß der Chipfertigung

## 3.5   Manuelle Eingriffe

Die Fertigung von Halbleitern weist einen hohen Anteil an manuellen Tätigkeiten auf. Neben den eigentlichen Bearbeitungs- und Kontrollaufgaben werden überwiegend auch die meisten Transport- und Handhabungsaufgaben vom Bediener übernommen. Nach einer Zeitstudie /88/ handelt es sich bei 84 % der Bedienertätigkeiten um Eingriffe in den Informationsfluß.

Während bei den manuellen Eingriffen in den Materialfluß im wesentlichen die Fördergutidentifikation die Fehlerquelle darstellt, sind es bei den manuellen Eingriffen in den Informationsfluß vor allem Maschineneinstellung und Betriebsdatenerfassung.

Das Fehlerpotential wird quantifizierbar, wenn man von den aus der Literatur /88, 89/ bekannten Fehlerraten für manuelle Datenübertragung ausgeht (Handschrift: 1 Fehler auf 30 Zeichen, Tastatureingabe: 1 Fehler auf 300 Zeichen).

Auf die hohe Flexibilität bei manueller Arbeitsweise kann jedoch kaum verzichtet werden. Das erfordert einen Automatisierungsansatz, bei dem die Unterstützung des Bedieners im Vordergrund steht. Die Bedienerunterstützung muß dabei den unterschiedlichen Bedienerqualifikationen angepaßt werden können. Während in einer Forschungs- und Entwicklungslinie oder beim Einfahren einer Fertigungslinie die Geräte häufig von Prozeßingenieuren bedient werden, handelt es sich in der Fertigung häufig um angelerntes Personal. Für die Unterstützung des Bedieners ist es außerdem erforderlich, die Antwortzeiten eines Informationssystems gering zu halten.

## 3.6 Zusammenfassung der Analyseergebnisse

Im folgenden werden die Einzelergebnisse der Analyse zusammengefaßt und als Problemfeld dargestellt (Bild 3.7). Sie dienen als Basis zur Formulierung der Entwicklungsschwerpunkte .

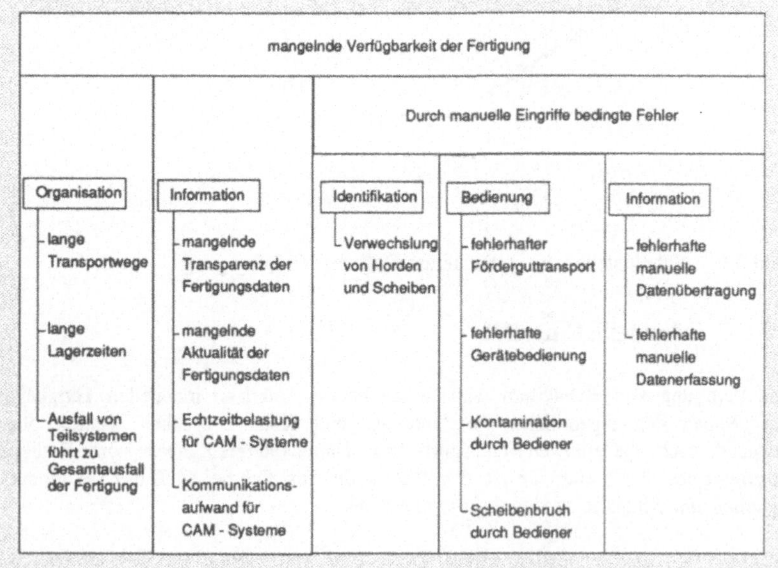


Bild 3.7:   Zusammenfassung der Analyseergebnisse als Problemfeld

# 4 Ableitung der Entwicklungsschwerpunkte

Ausgehend von der globalen Zielvorstellung zu Beginn der Arbeit sowie den Ergebnissen der Analyse zur

- Reduzierung des durch manuelle Eingriffe bedingten Fehlerpotentials und

- Erhöhung der Verfügbarkeit der Fertigung

werden nun die Anforderungen an ein Informationssystem für die Halbleiterfertigung formuliert. Diese werden aus den im Stand der Technik erarbeiteten Defiziten sowie aus den Ergebnissen der in Kapitel 3 durchgeführten Analyse kombiniert. Vervollständigt werden sie durch Anforderungen, die aus Umfragen bei Halbleiterherstellern gewonnen wurden /27/. Diese Anforderungen sind für die Akzeptanz und Durchsetzung des zu konzipierenden Systems in der Halbleiterfertigung von entscheidender Bedeutung /91/.

## 4.1 Strukturierung der Anforderungen

Für das weitere Vorgehen werden die aus den Analyseergebnissen abgeleiteten Teilforderungen hierarchisch strukturiert dargestellt (Bild 4.1). Dabei ist eine Zielunterstützung im Bereich der Fördergutidentifikation vorhanden. Lösungen zur Erfüllung dieser Teilforderung unterstützen sowohl die Minimierung der manuellen Eingriffe als auch Plausibilitätskontrollen.

Bild 4.1 zeigt einen Auszug aus dem Lösungsfeld unter dem Aspekt, daß Lösungsansätze im CAM-Bereich gesucht werden sollen. Weitere Ansätze, die nicht Bestandteil dieser Arbeit sein können, ergeben sich im Bereich der konstruktiven Geräteausführung und der Reinraumtechnik.

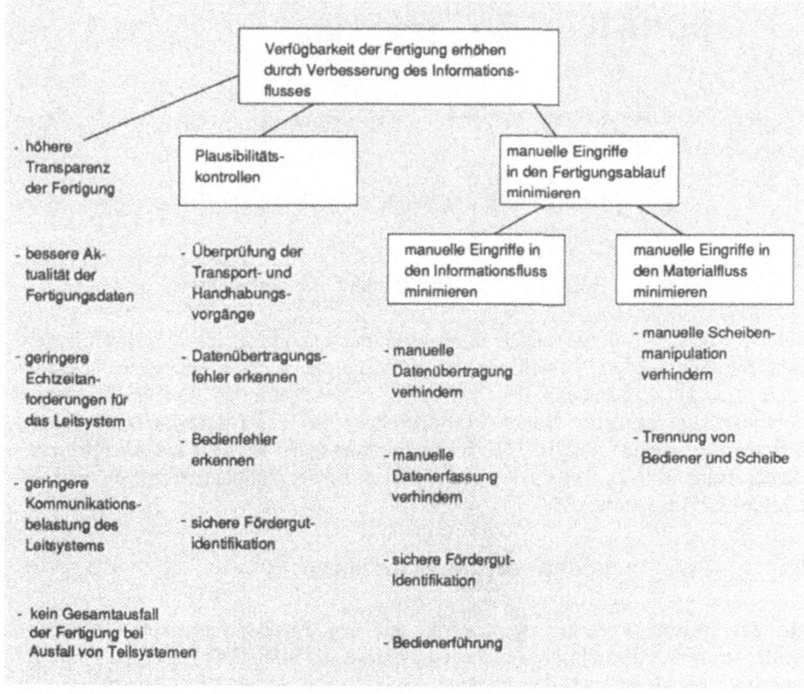



Bild 4.1:   Hierarchische Strukturierung der Anforderungen

## 4.2     Aufstellung des Systempflichtenheftes

### 4.2.1    Forderungen

Eine Gewichtung ermöglicht die Unterscheidung von Forderungen und Wünschen an die zu erarbeitende Lösung (Bild 4.2). Dabei ist die Forderung nach **Minimierung der manuellen Eingriffe in den Fertigungsablauf** unabdingbar. Weiterhin ist dafür zu sorgen, daß der Ausfall von Teilsystemen nicht zum Gesamtausfall der Fertigung führt. Die Forderung nach **Erhöhung der Ausfallsicherheit der Fertigung** ist daher unerläßlich. Da die zu erarbeitende Lösung sowohl auf heutige als auch auf künftige Halbleiterfertigungen anwendbar sein soll, muß neben der automatisierten Fertigung auch der Laborbetrieb mit Manuell-/Automatik-Mix unterstützt werden. **Plausibilitätskontrollen** sind daher zwingend erforderlich.

## 4.2.2 Wünsche

| Forderung | Wunsch | Teilforderungen | Überbegriff |
|:---:|:---:|---|---|
| X | | manuelle Scheibenmanipulation ersetzen | Material-fluss |
| X | | Trennung von Bediener und Scheibe | |
| X | | manuelle Datenübertragung und -erfassung ersetzen | Informations-fluss |
| X | | manuelle Fördergutidentifikation ersetzen | |
| | X | leistungsfähige Bedienerführung | |
| X | | Überprüfung der Transport- und Handhabungsvorgänge | Plausibilitäts-kontrollen |
| X | | Datenübertragungsfehler erkennen | |
| X | | Bedienfehler erkennen | |
| X | | Sichere Fördergutidentifikation | |
| X | | Ausfallsicherheit d. Fertigung erhöhen | Verfügbar-keit |
| | X | höhere Transparenz der Fertigung | |
| | X | bessere Aktualität d. Fertigungsdaten | |
| | X | geringere Echtzeitanforderungen für das Leitsystem | |
| | X | geringere Kommunikationsbelastung des Leitsystems | |
| | X | hohe Systemvariabilität | System-eigenschaften |
| | X | Systemflexibilität | |
| | X | Adaptionsfähigkeit | |
| | X | stufenweise Implementierung | |
| | X | Aufwärtskompatibilät | |
| | X | Integrationsfähigkeit | |

Bild 4.2:   Unterscheidung von Forderungen und Wünschen an die Lösung

Die übrigen Anforderungen lassen sich als Wünsche an die zu erarbeitende Lösung formulieren (Bild 4.2). Für eine spätere Beurteilung von Lösungsvarianten wird eine Operationalisierung dieser Anforderungen vorgenommen, so daß sie als Bewertungskriterien herangezogen werden können (Bild 4.3).

| Wünsche/Kriterien | Operationalisierung |
|---|---|
| Leistungsfähige Bedienerführung | Mindestens im selben Umfang wie mit den derzeitigen Methoden (Laufkarte, Terminal) mit Antwortzeiten kleiner als 2 Sekunden |
| Höhere Transparenz der Fertigung | Ständiges Zustandsabbild der Fertigung verfügbar |
| Bessere Aktualität der Fertigungsdaten | on-line-Datenerfassung |
| Geringere Echtzeitanforderungen an das Leitsystem | Entkopplung der Leitfunktionen von Bedien- und Gerätefunktionen |
| Geringere Kommunikationsbelastung des Leitsystems | Schaffung zusätzlicher Kommunikationspfade |
| Hohe Systemvariabilität | Anpassbar an wechselnde Fertigungsstrukturen und -organisation |
| Systemflexibilität | Unterstützung wechselnder Fertigungsabläufe |
| Adaptionsfähigkeit | Anpassbar an unterschiedliche Fördergüter, Fertigungsgeräte, Leitsysteme und Fertigungsstrukturen |
| Stufenweise Implementierung | In Teilbereichen der Fertigung beginnend einführbar |
| Aufwärtskompatibilität | Derzeitige Version in künftige Ausbaustufen überführbar |
| Integrationsfähigkeit | In derzeitige und zukünftige Fertigungskonzepte und Informationsstrukturen einbindbar |

**Bild 4.3:** Operationalisierung der Wünsche für die spätere Bewertung

# 5 Entwicklung und Bewertung von Lösungsalternativen

Als Ansatz werden die in Kapitel 4 erarbeiteten Forderungen herangezogen und systematisch Lösungen erarbeitet. Das hieraus entstehende Lösungsfeld in Form eines Systemkonzepts enthält Varianten, die alle Forderungen vollständig erfüllen. Die anschließende Bewertung und Auswahl einer Variante erfolgt anhand des Erfüllungsgrades der ebenfalls in Kapitel 4 hergeleiteten Bewertungskriterien.

## 5.1 Voraussetzungen für die Lösungsfindung

Als Voraussetzung für die Lösungsfindung wird im folgenden eine automatierungsgerechte Strukturierung der Produktionsdaten vorgenommen. Diese ermöglicht zusammen mit einer Klassifizierung der Fertigungsschritte und -komponenten die Formulierung eines einfachen informationstechnischen Modells der Fertigung. Auf dieser Basis wird eine optimierte informationstechnische Gliederung der Fertigung vorgenommen.

### 5.1.1 Aufgabenorientierte Produktionsdatenstrukturierung

**Hordendaten**

Als erster Ansatz wird eine den spezifischen Anforderungen der Halbleiterfertigung angepasste Strukturierung der Auftrags-, Produkt- und Betriebsdaten vorgenommen. Darüber hinaus wird die bisher dem Bediener obliegende Bildung von - temporären - Horden mit

- Fertigungsaufträgen,

- Hordendaten mit Fördergutidentität und

- Arbeitsplänen

unter die Kontrolle der Leittechnik gestellt /92/ (Bild 5.1). Dies erfordert die Einführung einer weiteren Dispositionsebene in der Leittechnik - im folgenden Zellenleittechnik genannt - für diese kurzfristigen Dispositionsaufgaben.

Optimiert nach Anlagenkapazität, Prioritäten, Durchlaufzeiten, Ähnlichkeiten der Arbeitspläne, Rüstzeiten sowie der Notwendigkeit von Test- und Füllscheibenzugabe unterstützt das Leitsystem den Bediener bei der Generierung von Horden. Je nach Variantenzahl und Fertigungstyp (siehe Kapitel 3.2) kann sich eine Horde aus Scheiben für unterschiedliche Aufträge und aus unterschiedlichen Produkten zusammensetzen /9/. Der Begriff des Loses ist lediglich am Beginn (Auftragseinlastung) und am Ende der Chipfertigung (Vereinzelung) von Bedeutung. Diese informationstechnische Struktur stellt sicher, daß die unterschiedlichen Flexibilitätsanforderungen von der Massenfertigung (Hordenzugehörigkeit gilt meist permanent während des gesamten Fertigungsdurchlaufs, meist nur ein Auftrag/Produkt pro Horde) bis zur flexiblen Kleinserienfertigung (mehrere Aufträge/Produkte pro Horde) erfüllt werden können.

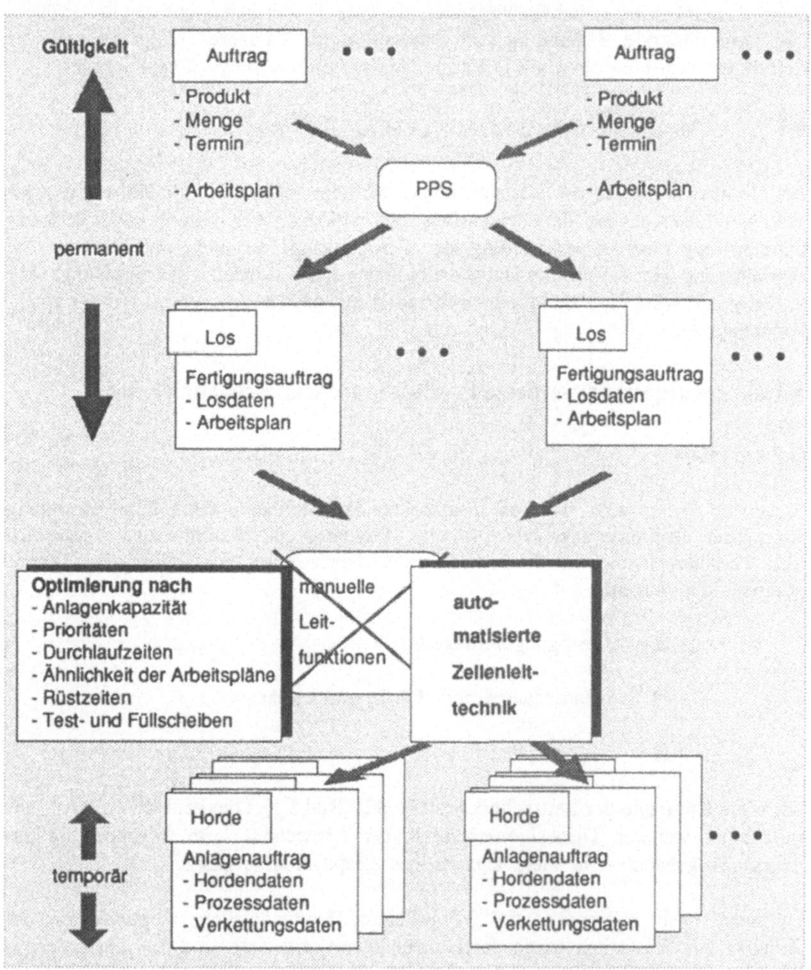


Bild 5.1: Ersatz bisheriger manueller Fertigungsleitfunktionen durch die rechnergestützte Zellenleittechnik

**Prozeß- und Verkettungsdaten**

Als weiterer Ansatz werden die **Verkettungsdaten** als materialflußsteuernde Informationen von den **Prozeßdaten** als steuernde Informationen für Bearbeitungs- und Prüfvorgänge (Maschinenparameter, Qualitätsvorgaben) unterschieden (Bild 5.2).

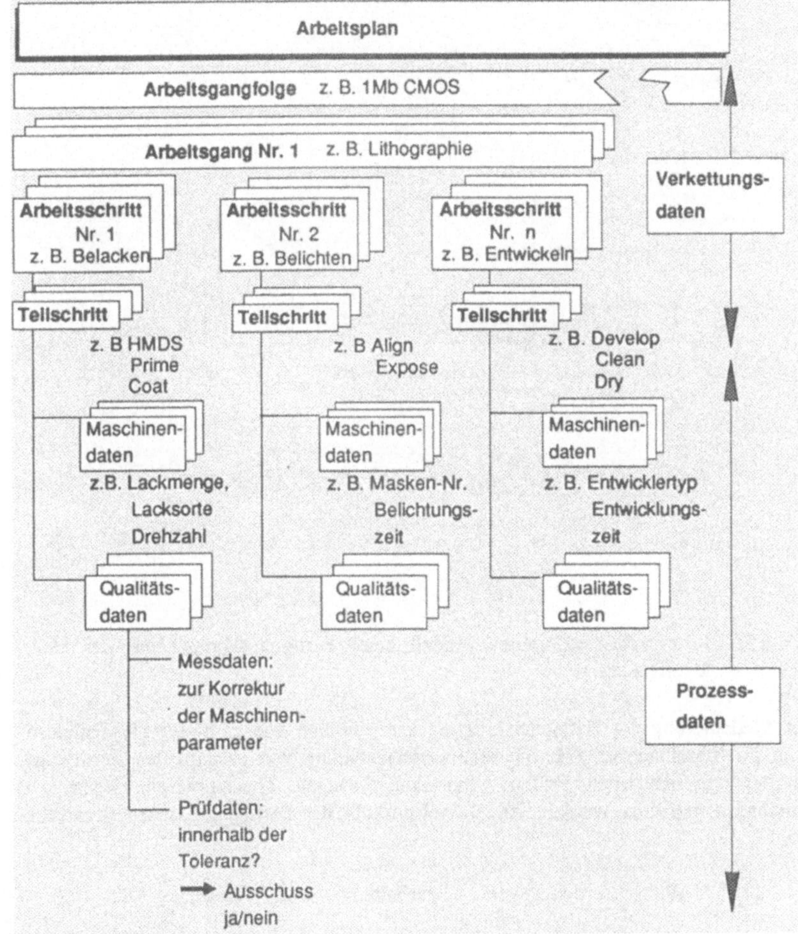


Bild 5.2:   Aufgabenorientierte Strukturierung des Arbeitsplans

Die in der Fertigung zu erfassenden Betriebsdaten werden je nach ihrer Funktion den Verkettungsdaten (Quittierungen, Zeit, Datum, Anlage, Bediener) oder den

Prozeßdaten (Qualitätsdaten) zugeordnet. Die Verknüpfung zwischen Prozeß- und Verkettungsdaten erfolgt dabei auf Arbeitsschritt- oder Teilschrittebene. Mit diesen Festlegungen ergibt sich die in Bild 5.2 dargestellte Struktur des Arbeitsplans.

## 5.1.2 Informationstechnische Modellierung der Fertigung

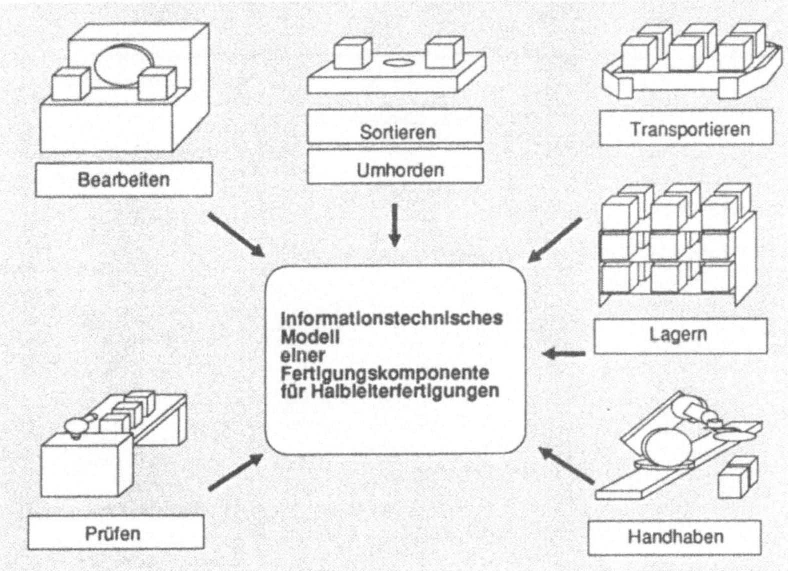


Bild 5.3:  Informationstechnisches Modell einer Fertigungskomponente der Halbleiterfertigung

Zur Modellierung der Halbleiterfertigung kann ähnlich wie z. B. für die Teilefertigung im Maschinenbau /71, 37/ eine Unterscheidung von prinzipiellen Fertigungsschritten wie Bearbeiten, Prüfen, Umhorden, Sortieren, Transportieren, Lagern und Handhaben getroffen werden. An Betriebsmitteln der Fertigung können grundsätzlich

- Fertigungsgerät (Bearbeitungs- oder Prüfgerät),

- Fördergut  sowie

- Materialflußeinrichtungen (Lager, Transport- und Handhabungssystem)

unterschieden werden. Mittels dieser vereinfachenden Klassifizierung ist es möglich, das in den Bildern 5.3 und 5.4 dargestellte informationstechnische Modell einer Fertigungskomponente zu definieren. Dabei werden die spezifischen Eigenschaften

der verschiedenen Fertigungskomponenten in einen Parametersatz zur Komponentenbeschreibung abgebildet (Bild 5.4).

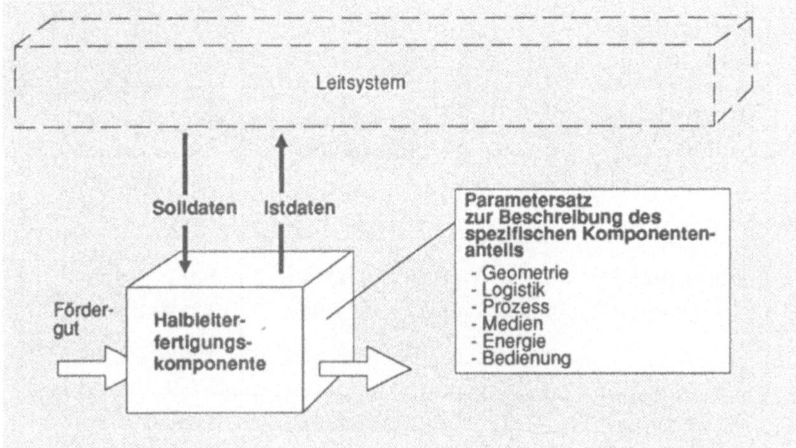


Bild 5.4:   Spezifische Komponentenbeschreibung mittels Parametersatz

Die Funktionen dieser Fertigungskomponenten im Informationsfluß sind in Bild 5.5
dargestellt. Aufgrund der funktionalen Analogie unter fertigungstechnischen Aspekten wird zwischen Bearbeitungs- und Prüfgeräten keine Unterscheidung getroffen.
Sortier- und Umhordeschritte werden jedoch aufgrund ihrer hohen Fehlerrelevanz
separat von den Bearbeitungs- und Prüfschritten behandelt.

Mit Hilfe der vorgenommenen Modellbildung sowie mittels der Funktionen der
Fertigungskomponenten im Informationsfluß ist die informationstechnische Be-
handlung einer Chipfertigung auf rein funktionaler Ebene möglich. Auf dieser Basis
lassen sich die in Bild 5.6 dargestellten Zusammenhänge zwischen Fertigungsschritten, Fertigungskomponenten und Fertigungsdaten aufstellen.

| Informations-<br>flussfunktion<br><br>Fertigungs-<br>funktion | Quelle<br>für | Senke<br>für |
|---|---|---|
| Bearbeiten<br>Prüfen | Betriebsdaten<br>Hordendaten | Hordendaten<br>Prozessdaten<br>Verkettungs-<br>daten |
| Umhorden<br>Sortieren | Betriebsdaten<br>Hordendaten | Hordendaten<br>Verkettungs-<br>daten |
| Transportieren<br>Lagern<br>Handhaben | Betriebsdaten | Hordendaten<br>Verkettungs-<br>daten |
| Leiten und<br>Steuern | Hordendaten<br>Prozessdaten<br>Verkettungs-<br>daten | Hordendaten<br>Betriebsdaten |

**Bild 5.5:** Funktionen der Fertigungskomponenten im Informationsfluß

Diese bilden die Grundlage für eine informationstechnisch optimierte Struktur der Fertigung /93/. Optimierungskriterien (Kapitel 2) hierbei sind

- Verfügbarkeit,

- Kommunikationsaufwand,

- Echtzeitbelastung,

- Transparenz und

- Aktualität.

| | Fertigungsdaten | | | | Fertigungs-komponenten | | | |
| --- | --- | --- | --- | --- | --- | --- | --- | --- |
| Fertigungsschritte | Verkettungsdaten | Prozessdaten | Hordendaten | Fördergutidentität | Fördergut | Fertigungsgerät | Transportsystem (Bediener) | Handhabungssystem (Bediener) |
| Bearbeiten | X | X | X | X | X | X | | |
| Prüfen | X | X | X | X | X | X | | |
| Sortieren | X | | X | X | X | | | X |
| Umhorden | X | | X | X | X | | | X |
| Transport | X | | X | X | X | | X | X |
| Lagern | X | | X | X | X | | X | |
| Handhaben | X | | X | X | X | | | X |

Bild 5.6: Zuordnung von Fertigungsschritten zu Fertigungskomponenten und -daten

Besonders deutlich läßt diese Darstellung erkennen, daß

- Verkettungsdaten,

- Hordendaten und

- Fördergutidentität

die durchgängig in der gesamten Fertigung benötigten Informationen sind. Sie sind daher zum Aufbau von Redundanz zur Durchführung von Plausibilitätskontrollen geeignet. Die durchgängig vorhandene physische Komponente stellt das Fördergut dar. Es ist daher eine logische Parallelität von Verkettungsdaten, Hordendaten, Fördergutidentität und Fördergut vorhanden.

## 5.2 Erfüllung der Forderungen

### 5.2.1 Verhinderung manueller Eingriffe

Für diese Forderung lassen sich die Bereiche Materialfluß und Informationsfluß mit den Unterpunkten nach Kapitel 4 unterscheiden.

**Materialfluß**

Zur Trennung von Bediener und Scheibe und zur Reduzierung der Anzahl der Scheibenmanipulationen durch den Bediener sind prinzipiell Lösungsansätze für Einzelobjekte wie

- Halbleiterscheiben und Belichtungsmasken, sowie für

- Horden

möglich. Für beide Fälle sind Varianten der in Bild 5.7 dargestellten Lösungsalternativen möglich. Aufgrund der von den Halbleiterherstellern geforderten schrittweisen, flexiblen Automatisierung (Kapitel 4) ist bei gleicher Gewichtung der Kriterien zunächst als Basis die Einführung von automatisierungsgerechten Förderhilfsmitteln mit standardisierter Schnittstelle vorzuziehen. Alle anderen Lösungsmöglichkeiten mit höherem Automatisierungsgrad können dann darauf aufbauen.

| Bewertungskriterien<br><br>Lösungs-<br>alternativen | Systemvariabilität | Adaptionsfähigkeit | stufenweise Implementierung | Aufwärtskompatibilität | Integrationsfähigkeit |
|---|---|---|---|---|---|
| Direktverkettung von Fertigungsgeräten | — | — | ○ | — | — |
| Verwendung von Reinraum-tunnelsystemen | — | ○ | — | — | — |
| Vollautomatisierung | + | + | — | + | — |
| automatisierungsgerechte, umschliessende Förder-hilfsmittel mit standar-disierter mechanischer Schnittstelle an Fördergut und Fertigungsgerät | + | ○ | + | + | + |

+ günstig
— ungünstig
○ neutral

Bild 5.7:  Lösungsvarianten zur Verhinderung manueller Eingriffe im Materialfluß

Bei den derzeitigen gerätetechnischen Randbedingungen und Trends hat sicher eine Lösungsvariante auf Hordenbasis die größeren Durchsetzungschancen (siehe Bild 5.7). Aufgrund des Trends zu größerem Scheibendurchmesser muß die auszuwählende Lösung jedoch auch bei einem möglicherweise zu erwartenden Einzelscheibentransport anzuwenden sein. Voraussetzung hierfür ist der Einsatz von Fertigungsgeräten mit automatisierter geräteinterner Handhabung (z. B. Kassette zu Kassette, Einzelscheibe).

| Geräteschnitt-stelle<br>Fertigungs-schritt | Einzel-scheibe | Kassette | automatisierungs-gerechter Hordenbehälter |
|---|---|---|---|
| Bearbeiten/Prüfen | | | |
|    Stapelprozess | —— | Horde | Horde |
|    Einzelscheiben-prozess | Scheibe | Horde Scheibe | Horde Scheibe |
| Umhorden Sortieren | —— | Horde Scheibe | Horde Scheibe |
| Transport | Horde | Horde | Horde |
| Lagern | Horde | Horde | Horde |
| Handhaben | Scheibe | Horde | Horde |
|    Be-/Entladen | | | |
|    geräteintern | Scheibe | Horde Scheibe | Horde Scheibe |

 = manueller Eingriff verwehrt

**Bild 5.8:** Verhinderung manueller Eingriffe bei verschiedenen Geräteschnittstellen

Bild 5.8 ist zu entnehmen, daß unter den getroffenen Voraussetzungen der Verwendung von Kassette zu Kassette automatisierten Fertigungsgeräten und automatisierungsgerechten Förderhilfsmittel für die Horde mit standardisierten mechanischen Schnittstellen an Förderhilfsmittel und Fertigungsgerät bei Transport, Lagern und geräteexterner Handhabung nur die Horde in der Kassette und in geschlossenen Behältern zur Verfügung steht. Unkontrollierte manuelle Eingriffe können somit bei durchgängigem Einsatz dieser Lösung sicher vermieden werden.

**Informationsfluß**

Die Verhinderung manueller Eingriffe in den Informationsfluß läßt sich durch die Automatisierung von

■    Betriebsdatenerfassung,

■    Prozeßdatenvorgabe und

■    Fördergutidentifikation

erreichen. Für die automatisierte Datenübertragung (Betriebsdatenerfassung und Maschinendatenvorgabe) stehen dabei prinzipiell

■    on-line-Kopplung (realtime oder batch) und

■    off-line-Kopplung

zur Verfügung /94/. Für die geforderte Transparenz und Aktualität der Produktionsdaten ist eine automatisierte on-line-Datenerfassung zu empfehlen. Die automatisierte Datenübertragung erfordert ein leistungsfähiges Kommunikationssystem sowie Datenschnittstellen an den Fertigungsgeräten. Verfügen Geräte nicht von vornherein über diese Möglichkeiten, müssen sie durch externe Zusatzeinrichtungen entsprechend aufgerüstet werden. Da Lösungen zur automatisierten Fördergutidentifikation auch für die Plausibilitätskontrolle erforderlich sind (siehe Zielunterstützung Kapitel 4.2) werden die Lösungsmöglichkeiten hierzu für diese beiden Forderungen gemeinsam behandelt.

## 5.2.2   Erhöhung der Ausfallsicherheit der Fertigung

**Autarke Teilsysteme**

Neben den üblichen Ansätzen zu diesem Thema wie zuverlässige Gerätetechnik z. B. durch Geräteredundanz (gleichartige Hardware, Konfigurierungsfunktionen) sollen hier neue Ansätze durch die Bildung autarker Teilsysteme verfolgt werden. Dies erfordert eine Informations- und Funktionsverteilung auf die Komponenten der Fertigung dergestalt, daß die jeweils erforderlichen Informationen direkt verfügbar sind sowie eine klare Funktionsgliederung vorliegt.

Nach 5.1.2 ist als eine Voraussetzung für eine fehlerfreie Fertigung durchgängig in der gesamten Fertigung die logische Einheit von

■    Verkettungsdaten,

■    Fördergutidentität und

■    Fördergut

erforderlich. Für den Aufbau von autarken Teilsystemen ist es daher notwendig, die oben genannten Daten stets am Fördergut verfügbar zu haben. Dies ist letztendlich nur durch einen Datenträger am Fördergut möglich. Aufgrund der Materialflußver-

zweigungen und der Variabilitätsanforderungen an diese Daten (Bild 5.9) muß
dieser Datenträger schreib- und lesbar sein.

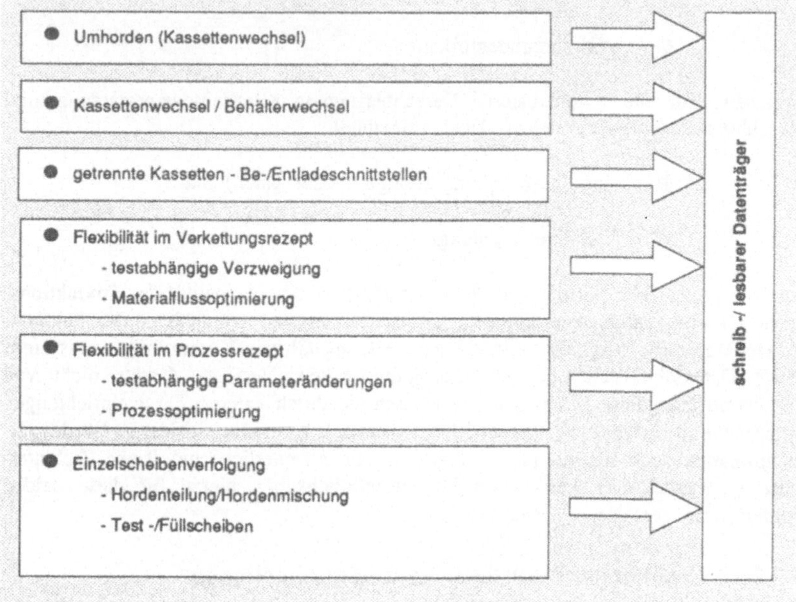


Bild 5.9:   Kriterien für die Auswahl eines schreib-/lesbaren Datenträgers am Fördergut

Für die Anbringung eines solchen schreib-/lesbaren Datenträgers ist ein System aus
umschließenden Förderhilfsmitteln nach 5.2.1 geeignet (Bild 5.10).

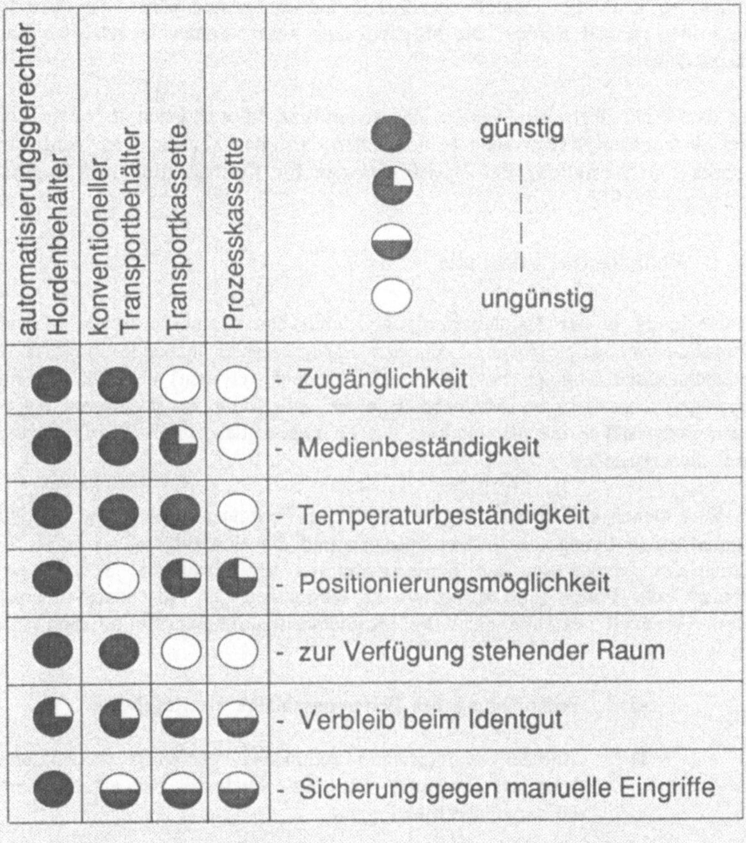

automatisierungsgerechter Hordenbehälter | konventioneller Transportbehälter | Transportkassette | Prozesskassette

günstig

ungünstig

- Zugänglichkeit
- Medienbeständigkeit
- Temperaturbeständigkeit
- Positionierungsmöglichkeit
- zur Verfügung stehender Raum
- Verbleib beim Identgut
- Sicherung gegen manuelle Eingriffe

**Bild 5.10:** Anbringungsmöglichkeiten für einen schreib-/lesbaren Datenträger am Fördergut

Der Ansatz nach 5.1.2 zeigt außerdem, daß als weitere Voraussetzung zur Bildung autarker Teilsysteme in der Fertigung die Prozeßdaten stets am Fertigungsgerät verfügbar sein müssen. Ist dies aufgrund mangelnder Gerätefähigkeiten nicht möglich, so muß dies durch externe Zusatzeinrichtungen erreicht werden. Um auch im Notbetrieb von der Verfügbarkeit von Kommunikation und Leitsystem unabhängig zu sein, muß daher die Möglichkeit zur Datenspeicherung und -verarbeitung lokal an jedem Fertigungsgerät vorhanden sein. Dadurch ist es möglich, zur Erhöhung der Ausfallsicherheit der Fertigung auch bei Notbetrieb die aktuelle Betriebsart aufrechtzuerhalten.

Werden Daten und Funktionen im System so verteilt, daß autarke Teilsysteme entstehen, so kann die dadurch entstehende Informationsredundanz für Plausibilitätskontrollen genutzt werden. Die Möglichkeiten hierzu werden im nächsten Kapitel behandelt.

Dabei darf nicht übersehen werden, daß redundante Informationen in einem komplexen, dezentralen System auch Fehlerquellen darstellen können. Dem wird durch entsprechende Gestaltung der Basisfunktionen für Konfiguration und Datenabgleich begegnet /95/.

### 5.2.3 Plausibilitätskontrolle

Da mittelfristig in der Halbleiterfertigung durch den charakteristischen Manuell-/Automatik-Mischbetrieb sowie durch den Laborcharakter manuelle Eingriffe aus prozeßtechnischen Gründen trotz der in 5.2.1 (Behältersystem) und 5.2.2 (autarke Teilsysteme) beschriebenen Maßnahmen nicht vollständig ausgeschlossen werden können, ist zusätzlich die Minimierung des Fehlerpotentials durch Plausibilitätskontrollen sicherzustellen.

Nach 5.1.2 stehen zur Überprüfung des korrekten Fertigungsablaufs durchgängig in der gesamten Fertigung die Verkettungsdaten und die Hordendaten, sowie als Untermenge der Hordendaten die Fördergutidentität zur Verfügung. Speziell beim Bearbeiten oder Prüfen muß zusätzlich die Korrektheit der Prozeßdaten überprüft werden. Generell bestehen dazu die Möglichkeiten für Plausibilitätskontrollen durch

- Formulierung des Fertigungsablaufs als Regelwerk.

- Aufbau von Informationsredundanz über einen zweiten, unabhängigen Datenpfad mit dem Sonderfall der automatisierten Fördergutidentifikation.

Für die erste Methode fehlt es heute noch an leistungsfähigen Werkzeugen aus dem Bereich der künstlichen Intelligenz, um die Aufgabe mit der geforderten Variabilität und Flexibilität zu lösen. Daher sollen im folgenden die beiden anderen Lösungsansätze weiterverfolgt werden.

**Aufbau eines zweiten unabhängigen Datenpfades für Informationsredundanz**

Soll redundante Information zur Plausibilitätskontrolle verwendet werden, so muß diese unabhängig von der Nutzinformation gewonnen werden. Bild 5.11 zeigt grundsätzliche Möglichkeiten zum Aufbau von Datenpfaden zur Schaffung von Informationsredundanz für Plausibilitätskontrollen.

| Lösungs-alternativen / Merkmale | Referenz: derzeitige Lösung | 1 (zentral) | 2 (zentral/ dezentral) | 3 (dezentral) | 4 (dezentral) |
|---|---|---|---|---|---|
| Plausibilitäts-kontrolle | Bediener | Leitsystem | Fertigungsgerät | Fördergut (Datenträger) | Fertigungsgerät/ Leitsystem |
| Informations-pfad | Auge/Hand (visuell/manuell) | Gerät/Leitsystem (zweites Kommunikations-netz) | Gerät/Gerät Kommunikatios-netz | parallel zum Materialfluss | parallel zum Materialfluss |
| Informations-träger | Fördergut (Laufkarte) Fertigungs-gerät | Leitsystem | Fertigungsgerät Fördergut (Datenträger) | Fördergut (Datenträger) | Fördergut (Datenträger) |

Bild 5.11:   Informationsredundanz   zur   Plausibilitätskontrolle

Bei den redundanten Daten muß es sich dabei je nach zu überprüfendem Ferti-
gungsschritt um Prozeß-, Verkettungs- oder Hordendaten (Fördergutidentität) handeln. Unter dem Aspekt des Aufbaus autarker Teilsysteme ist es vorzuziehen, die
Plausibilitätskontrollen direkt am Fördergut bzw. am Fertigungsgerät durchzuführen.

**Automatisierte Fördergutidentifikation**

Identifizieren eines Objektes bedeutet, einer Menge von Objekteigenschaften mittels einer umkehrbar eindeutigen Abbildung eine Menge von Symbolen oder Zeichen zuzuordnen. Dafür können entweder natürliche Objekteigenschaften genutzt,
künstliche Objekteigenschaften erzeugt oder ein Datenträger mit künstlichen Objekteigenschaften am Objekt angebracht werden (Bild 5.12).

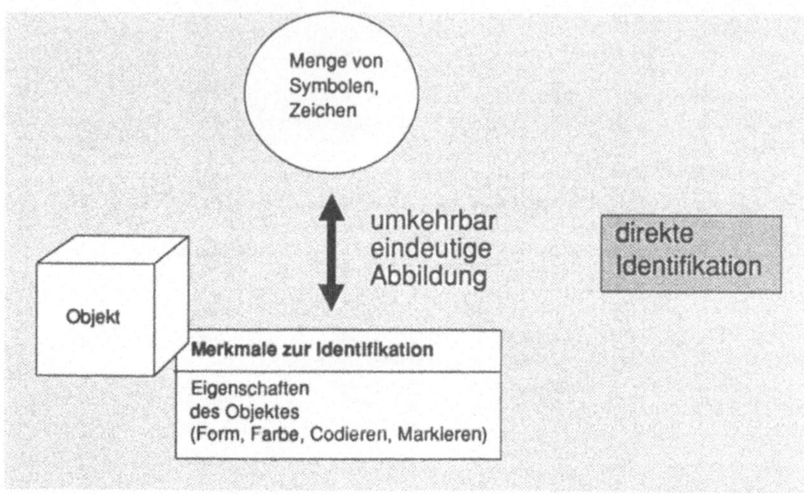


**Bild 5.12:** Unterscheidung von Identifikationsmethoden anhand der verwendeten Merkmale

Ist aufgrund der Randbedingungen keine der beschriebenen Identifikationsmethoden anwendbar, so ist es unter Umständen möglich, dem zu identifizierenden Objekt ein eindeutig identifizierbares Hilfsobjekt zuzuordnen (Bild 5.13). Durch zusätzliche Maßnahmen muß dafür gesorgt werden, daß zwischen Objekt und Hilfsobjekt immer eine feste Zuordnung bestehen bleibt. Eine Schachtelung dieser Abbildungen ist möglich.

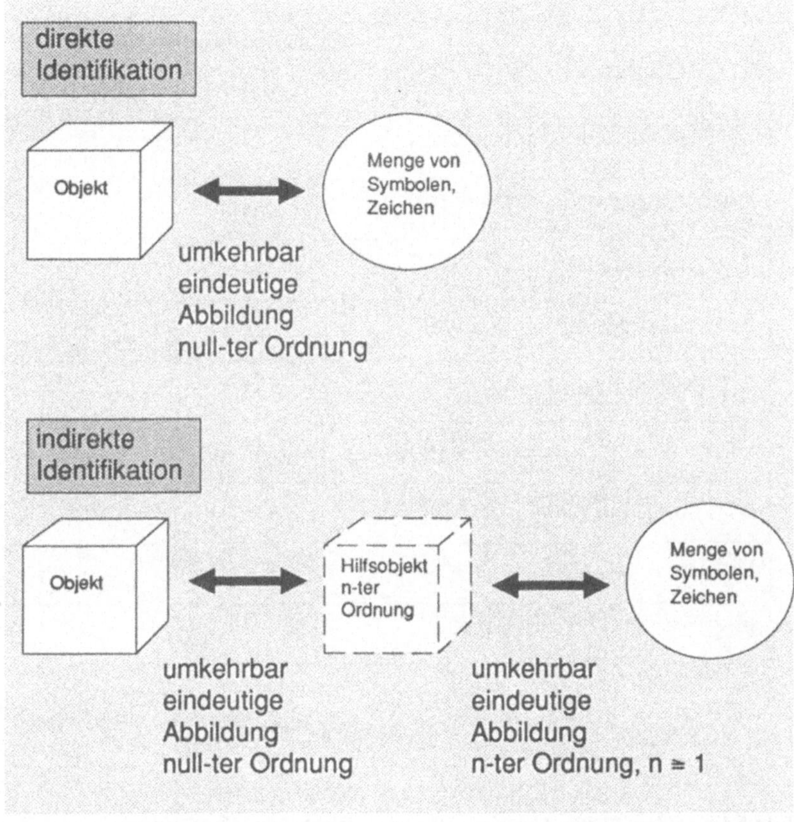



**Bild 5.13:** Indirekte Identifikation durch Definition von Hilfsobjekten und Schachtelung von Abbildungen

Dabei kann nach dem Grad der Abbildung zwischen

■     direkter Identifikation: (Abbildung n-ter Ordnung, n = 0) und

■     indirekter Identifikation: (Abbildung n-ter Ordnung, n ≥ 1)

unterschieden werden. Die Aufgabenstellung verlangt je nach Fertigungschritt die Identifikation von unterschiedlichen Fördergutelementen wie Scheiben, Kassetten und Behältern.

| Objekt | Typ | Identifikationsverfahren | |
|---|---|---|---|
| | | direkt | indirekt |
| Halbleiterscheibe | physisch | O | O |
| Belichtungsmaske | physisch | O | O |
| Transportkassette | physisch | O | O |
| Prozesskassette | physisch | O | O |
| Transportbehälter | physisch | O | O |
| Chip | physisch | O | O |
| Schaltungsfunktion | physisch/virtuell | — | O |
| Horde | virtuell | — | O |
| Los | virtuell | — | O |

O möglich
— nicht möglich

**Bild 5.14:** Identifikationsverfahren für die Objekte der Chipfertigung

Die kleinste Einheit stellen die Scheiben, in Zukunft (z. B. bei der ASIC-Fertigung) auch einzelne Chips oder darin enthaltene Schaltungsfunktionen dar. Neben diesen physischen Fördergutobjekten ist häufig auch die Identifikation von virtuellen Einheiten (Los, Horde) erforderlich. In Bild 5.14 erfolgt eine Unterscheidung der in der Chipfertigung zu identifizierenden Objekte hinsichtlich der Anwendungsmöglichkeiten direkter oder indirekter Identifikationsverfahren. Aufgrund der in 5.2.1 getroffenen Voraussetzungen im Materialfluß ergeben sich die Einsatzbereiche der verschiedenen Identifikationsmöglichkeiten /96, 97/.

| Anwendungs-bereich<br><br>zu identifizie-rendes Objekt | geräteintern<br>- Bearbeiten<br>- Prüfen<br>- Sortieren<br>- Handhaben | geräteextern<br>- Transport<br>- Lagern<br>- Handhaben<br>(Be-/Entladen) |
|---|---|---|
| Halbleiter-scheibe | Codieren (Monolog) | kein Zugriff möglich! |
| Belichtungsmaske | Codieren (Monolog) | kein Zugriff möglich! |
| Transportkassette | Codieren (Monolog)<br>Datenträger (Monolog, Dialog) | nur berührungslos!<br>Codieren (Monolog)<br>Datenträger (Monolog, Dialog) |
| Prozesskassette | Codieren (Monolog)<br>Datenträger (Monolog, Dialog)<br>nicht durchgängig möglich! | nur berührungslos!<br>nicht durchgängig verfügbar |
| Transportbehälter | Codieren (Monolog)<br>Datenträger (Monolog, Dialog) | Codieren (Monolog)<br>Datenträger (Monolog, Dialog) |

Bild 5.15:   Einsatzbereiche der verschiedenen Identifikationsverfahren

Daraus folgt, daß Stationen zur direkten Einzelscheibenidentifikation entweder in Fertigungsgeräte integriert werden müssen oder als eigenständige Kassette zu Kassette automatisierte Geräte mit automatisierungsgerechter, standardisierter Schnittstelle für die Horde auszuführen sind.

Für die Anwendung bei den Materialflußfunktionen Transportieren, Lagern und Handhaben, bei denen die Horde als Einheit identifiziert werden muß, ist die direkte Einzelscheibenidentifikation wegen der mangelnden Scheibenzugänglichkeit und wegen des Handhabungs- und Leseaufwandes (Scheibenentnahme, Positionierung) nicht geeignet /98/. Für diese Zwecke ist jedoch die direkte Identifikation der Transportbehälter optimal. Ebenfalls möglich ist die direkte Identifikation von Transport- oder Prozeßkassette. Aufgrund der schlechteren Zugänglichkeit und der ungünstigeren prozeßtechnischen Randbedingungen ist sie jedoch weniger geeignet (siehe auch Kapitel 5.2.2).

Ideal für alle Anforderungen anpaßbar ist daher die Kombination von direkter Scheiben- und direkter Behälteridentifikation. Weitere Funktionen lassen sich dabei durch zusätzliche indirekte Identifikationsmethoden erreichen.

Außerdem ist bei diesem kombinierten Verfahren der Aufbau zusätzlicher Funktions- und Informationsredundanz möglich, was zur Fehlerkontrolle und zur Erhöhung der Ausfallsicherheit ausgenutzt werden kann.

## 5.2.4 Systemkonzept zur Erfüllung der Forderungen

Als Ergebnis und Zusammenfassung der bisherigen Arbeitsschritte läßt sich nun ein Systemkonzept definieren, das die aufgestellten Forderungen vollständig erfüllt. Die Bilder 5.16 und 5.17 zeigen die wichtigsten Inhalte dieses Systemkonzepts. Diese können als elementare Funktionsstruktur sowie als Grund- und Systemfunktionen eines Gerätesystems interpretiert werden.

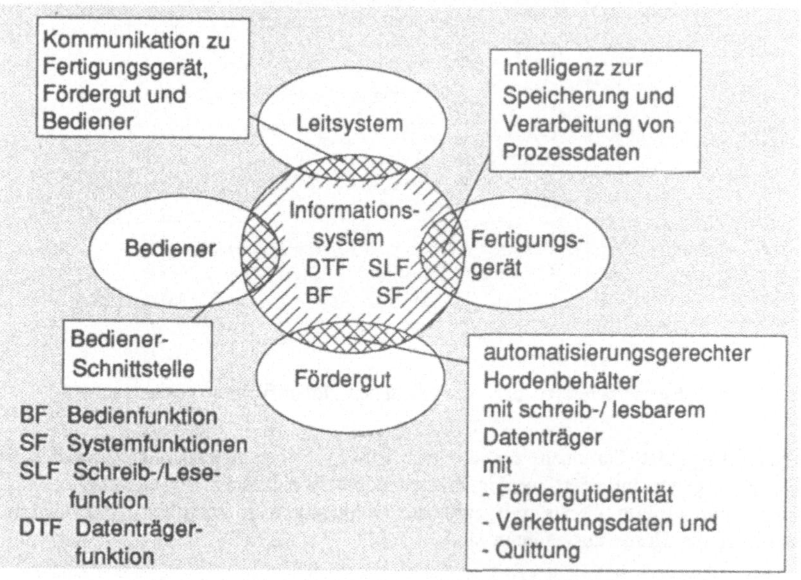


Bild 5.16:   Systemkonzept zur Erfüllung der Forderungen - Struktur

Bild 5.16 stellt die in Kapitel 5.1 und 5.2 entwickelten Funktionseinheiten und ihre Zuordnung zu den Systemschnittstellen dar. Die Funktionen des Informationssystem sind in Bild 5.17 zusammengefaßt. Sie sind generell noch unabhängig von Hardware-elementen und Organisationsebenen des in Kapitel 6 zu konzipierenden Gerätesystems zu sehen.

- Grundfunktionen:

  - Datenträgerfunktion DTF
  - Schreib-/ Lesefunktion SLF
  - Bedienfunktion BF

- Systemfunktionen:   SF

  - automatisierte Fördergutidentifikation
  - automatisierte Plausibilitätskontrolle
  - automatisierte Prozessdatenvorgabe
  - automatisierte Betriebsdatenerfassung
  - Daten- und Funktionsredundanz
    für
       - Plausibilitätskontrollen
       - Ausfallsicherheit
  - Wiederherstellung der Datenredundanz
    nach Ausfall

Bild 5.17:   Systemkonzept zur Erfüllung der Forderungen - Funktionen

## 5.3   Bewertung

Nach der Festlegung eines ersten groben Systemkonzepts in 5.2.4 liegen nun weitere konzeptionelle Freiheitsgrade im wesentlichen in der Gestaltung der Funktionsarchitektur.

## 5.3.1   Varianten der Funktionsaufteilung

Durch Variation der Zuordnung der geforderten Funktionen zu den Organisationsebenen und den Elementen der Hardware ist nun eine große Zahl von Varianten möglich. Im folgenden werden exemplarisch einige charakteristische Varianten dargestellt und bewertet (s. Bild 5.18 und 5.19). Als Referenz ist die konventionelle Lösung zusätzlich aufgeführt. Um eine übersichtliche Darstellung zu ermöglichen, wird dabei nur zwischen

- Datenträgerfunktion   (DTF),

- Schreib-/Lesefunktion   (SLF),

- Bedienfunktion (BF) und

- Systemfunktion (SF)

**als Referenz: konventionelle Lösung**

| Organisationsebene | Funktionszuordnung |
|---|---|
| Leitsystem | BF SF |
| Zelle | |
| Fertigungsgerät | LF |
| Fördergut | DTF |

**Variante 1: konventionelle Informationsstruktur**

| Organisationsebene | Funktionszuordnung |
|---|---|
| Leitsystem | BF SF |
| Zelle | |
| Fertigungsgerät | BF SF SLF |
| Fördergut | DTF |

**Variante 2: optimierte Informationsstruktur zentral (Grenzfall)**

| Organisationsebene | Funktionszuordnung |
|---|---|
| Leitsystem | |
| Zelle | BF SF |
| Fertigungsgerät | SLF |
| Fördergut | DTF |

LF   Lesefunktion
SLF  Schreib-/Lesefunktion
BF   Bedienfunktion
DTF  Datenträgerfunktion
SF   Systemfunktion

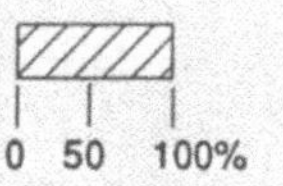


Bild 5.18:   Varianten der Funktionsarchitektur (Teil 1)

unterschieden. In den Systemfunktionen sind dabei sämtliche geforderten Funktionen wie Plausibilitätskontrolle, Identifikation usw. vereinigt. Wesentliche Unterscheidungsmerkmale entstehen hauptsächlich hinsichtlich

- Systemkommunikation und

- Verteilung von Intelligenz

innerhalb des Systems. Dabei soll unter Intelligenz in diesem Zusammenhang Rechenleistung und Datenspeicherungskapazität verstanden werden. Bewertet wird anhand des Erfüllungsgrads der in Kapitel 4 erarbeiteten Bewertungskriterien. Die Varianten machen deutlich, daß die Integration der Lösung sowohl in derzeitige zentrale als auch in künftige dezentrale Informationsstrukturen möglich ist. Optimal jedoch ist der Einsatz zusammen mit dezentralen Informationsarchitekturen.

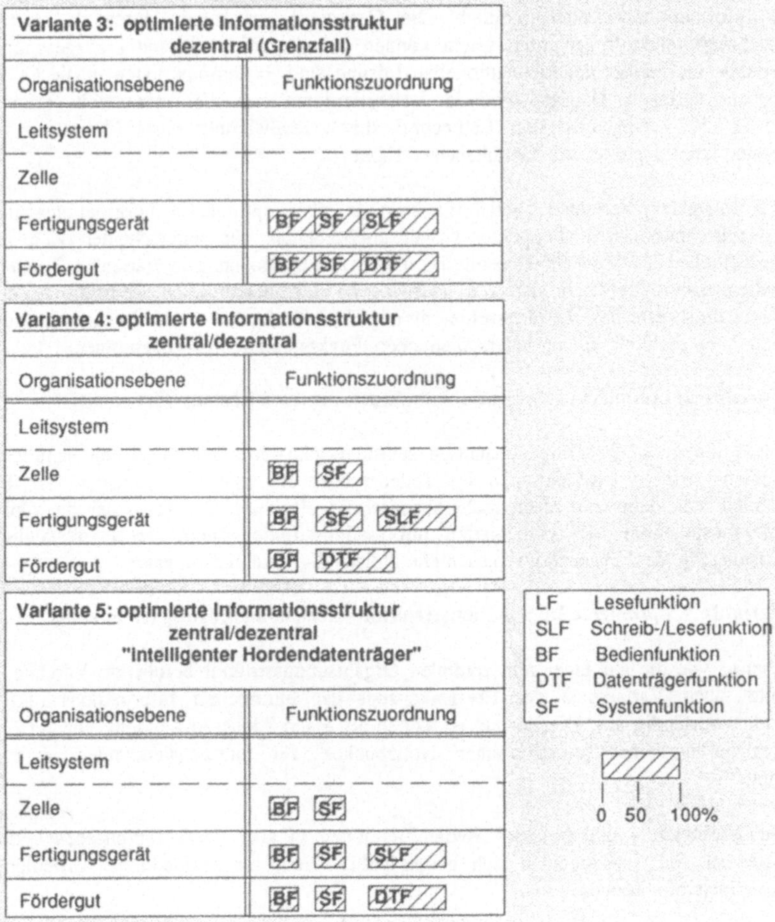

| Variante 3: optimierte Informationsstruktur dezentral (Grenzfall) | |
|---|---|
| Organisationsebene | Funktionszuordnung |
| Leitsystem | |
| Zelle | |
| Fertigungsgerät | BF SF SLF |
| Fördergut | BF SF DTF |

| Variante 4: optimierte Informationsstruktur zentral/dezentral | |
|---|---|
| Organisationsebene | Funktionszuordnung |
| Leitsystem | |
| Zelle | BF SF |
| Fertigungsgerät | BF SF SLF |
| Fördergut | BF DTF |

| Variante 5: optimierte Informationsstruktur zentral/dezentral "Intelligenter Hordendatenträger" | |
|---|---|
| Organisationsebene | Funktionszuordnung |
| Leitsystem | |
| Zelle | BF SF |
| Fertigungsgerät | BF SF SLF |
| Fördergut | BF SF DTF |

LF    Lesefunktion
SLF   Schreib-/Lesefunktion
BF    Bedienfunktion
DTF   Datenträgerfunktion
SF    Systemfunktion

0   50   100%

Bild 5.19:  Varianten der Funktionsarchitektur (Teil 2)

**Variante 1: konventionelle Informationsstruktur**

Diese Variante zeigt die Anwendungsmöglichkeit des werkstückbegleitenden Informationssystems zusammen mit konventionellen Informationsstrukturen. Zur Identifikation wird ein Dialogsystem verwendet, ein Teil der Bedien- und Systemfunktionen wird in die Geräteebene verlagert - die Realisierung einer Zellenleitebene erfolgt jedoch nicht. Mit Hilfe dieser Variante ist die sofortige Integration des werkstückbegleitenden Informationssystems auch in heutige, rein zentral organisierte Informationsstrukturen möglich. Die Optimierungspotentiale durch das werkstückbegleitende Informationssystem können jedoch nicht vollständig ausgeschöpft werden. Gegenüber der konventionellen Lösung sind Systemfunktionen in die Geräteebene verlagert. Dadurch wird das Leitsystem entlastet, die Antwortzeit verkürzt sowie die Verfügbarkeit der Leittechnik durch Realisierung eines Minimums an Systemfunktionen in der Geräteebene erhöht.

Die folgenden Varianten nutzen die Vorteile einer optimierten Informationsstruktur mit funktional entkoppelten Organisationsebenen. Sie unterscheiden sich im wesentlichen im Grad der Dezentralisierung von Funktionen. Die Varianten 2 und 3 stellen dabei Grenzfälle dar, die überwiegend der theoretischen Überprüfung der Variationsbreite des Lösungsfeldes dienen. Die Varianten 4 und 5 unterscheiden sich hauptsächlich in der unterschiedlichen Funktionalität des Datenträgers.

**Variante 2: optimierte Informationsstruktur - zentrale Lösung (Grenzfall)**

Diese innerhalb der Zelle vollständig zentral organisierte Lösung siedelt sämtliche Bedien- und Systemfunktionen im Zellenrechner als zentralem Leitstand an. Es handelt sich dabei um einen mehr akademisch relevanten Grenzfall, der die Optimierungspotentiale der konzipierten Informationsstruktur durch die unvollständige Ausnutzung des Ebenenkonzeptes nicht vollständig erschließen kann.

**Variante 3: optimierte Informationsstruktur - dezentrale Lösung (Grenzfall)**

Ebenso wie die auf einer rein zentralen Organisationsstruktur beruhende Variante 2 nutzt auch Variante 3 des Ebenenkonzept der optimierten Informationsstruktur nicht vollständig aus. Die Lösung ist jedoch als Stand-Alone-Anwendung und für die Realisierung eines "elektronischen Notizbuches" für Laboranwendungen interessant.

Die Varianten 4 und 5 lassen Bedienfunktionen in allen Organisationsebenen der Zelle zu. Sie unterscheiden sich hauptsächlich durch unterschiedliche Ansiedlung der Systemfunktionen.

**Variante 4: optimierte Informationsstruktur - zentral/dezentral**

Hier findet im Unterschied zu Variante 5 eine einfache Version des Datenträgers mit eingeschränkten, minimal erforderlichen Bedienfunktionen Verwendung. Durch die fehlenden Systemfunktionen auf Fördergutebene sind diese Bedienfunktionen nur durch Unterstützung der Geräte- oder Zellenebene verfügbar.

| Varianten / Bewertungskriterien | Referenz; konventioneller Lösungsansatz | 1 konventionelle Informationsstruktur | 2 optimierte Informationsstruktur zentral | 3 dezentral | 4 zentral/ dezentral | 5 zentral/ dezentral |
|---|---|---|---|---|---|---|
| Bedienerführung | – | O | O | + | + | + |
| Fertigungstransparenz | – | + | + | – | O | + |
| Aktualität der Daten | – | O | – | + | + | + |
| geringere Echtzeitanforderungen f. d. Leitsystem | – | – | – | + | + | + |
| geringere Kommunikationsbelastung des Leitsystems | – | – | – | + | + | + |
| hohe Systemvariabilität | – | – | – | O | + | O |
| Systemflexibilität | – | – | – | + | + | + |
| Adaptionsfähigkeit | – | O | – | + | + | + |
| stufenweise Implementierung | – | O | – | + | O | O |
| Aufwärtskompatibilität | – | O | + | O | + | + |
| Integrationsfähigkeit | – | O | – | O | + | + |

– ungünstig    + günstig    o neutral

Bild 5.20:   Bewertung der Lösungsvarianten

**Variante 5: optimierte Informationsstruktur - zentral/dezentral ("Intelligenter Hordendatenträger")**

Durch Verlagerung von Intelligenz in die Fördergutebene (Datenträger) entsteht der "Intelligente Hordendatenträger". Systemfunktionen sind nun auch am Datenträger ohne Unterstützung der Zellen- oder Geräteebene verfügbar. Die Funktionalität des "Intelligenten Hordendatenträgers" kann vollständig der konventionellen Laufkarte - bei gleichzeitiger Vermeidung von deren Nachteilen - angeglichen werden.

## 5.3.2    Auswahl der Lösungsvariante

Bild 5.17 zeigt die Bewertung der Varianten. Anhand der in Kapitel 4 abgeleiteten Bewertungskriterien wurde die Auswahl vorgenommen und die Variante 5 für die weitere Entwicklung zugrunde gelegt. Durch die gewählte Funktionsarchitektur stellt sich die Struktur des werkstückbegleitenden Informationssystems entsprechend Bild 5.21 dar. Es besteht aus folgenden funktionalen Komponenten:

■    Zellenserver (ZS),

■    periphere Geräteintelligenz (PGI),

■    intelligenter Hordendatenträger (IHD) und

■    Kommunikationseinrichtung (KOM).

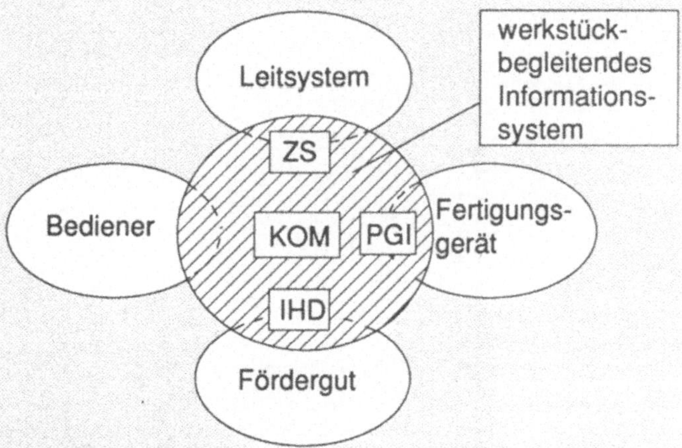


Bild 5.21:    Struktur des werkstückbegleitenden Informationssystems

Die bisherigen Bedienerschnittstellen verlagern sich dabei entsprechend Bild 5.19 zu ZS, PGI und IHD. Damit ist die Basis für eine Umsetzung der Lösung durch die Konzeption eines werkstückbegleitenden Informationssystems geschaffen.

# 6 Konzeption des werkstückbegleitenden Informationssystems

Die in Kapitel 5 ausgewählte Variante bildet die Basis für die weitere Detaillierung der Lösung. Dabei werden im folgenden Möglichkeiten der Konzeption eines werkstückbegleitenden Informationssystems und die zugehörigen gerätetechnischen Randbedingungen dargestellt.

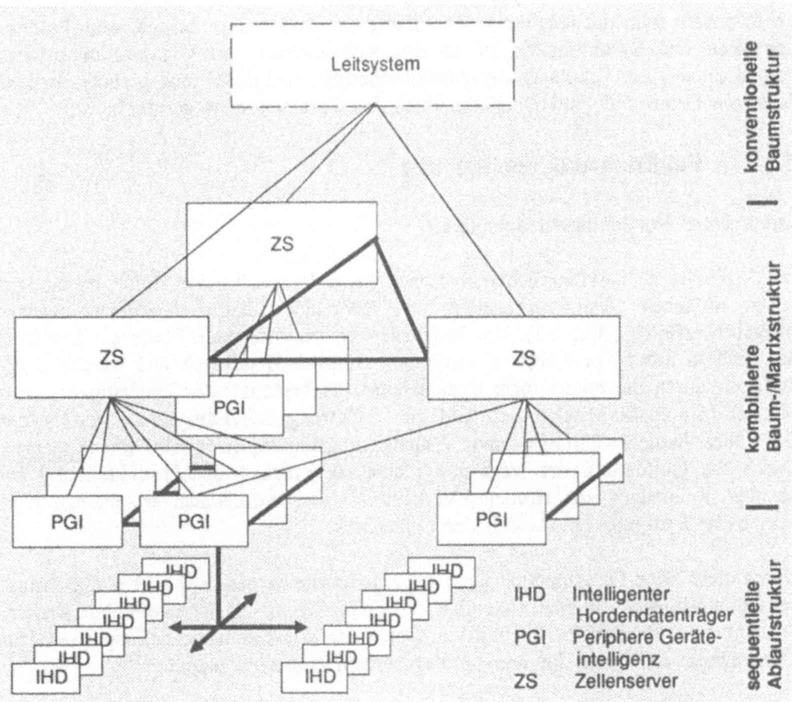


Bild 6.1:    Ersatz der konventionellen Baumstruktur durch eine gemischte Baum/-Matrixstruktur mit unterlagerter sequentieller Ablaufstruktur

# 6.1 Organisationsstruktur

Die Forderung nach Integrationsfähigkeit in derzeitige und künftige informationstechnische Strukturen führt letztendlich zu einer Organisationsstruktur des werkstückbegleitenen Informationssystems nach Bild 6.1.

Auf Host-Ebene ist das Leitsystem angedeutet, das nicht Bestandteil des werkstückbegleitenden Informationssystems ist, das aber zur Veranschaulichung des Bezuges zum Gesamtsystem dienen soll. Auf der Zellenebene im Zellenserver (ZS) können zusätzlich zu den Systemfunktionen auch Leitfunktionen einer Fertigungszelle implementiert werden. Durch diese Gliederung kann das werkstückbegleitende Informationssystem sowohl in die heute üblichen zentralen als auch in bereits ansatzweise vorhandene dezentrale Informationsstrukturen integriert werden. Die peripheren Geräteintelligenzen (PGI) sind der Ebene der Fertigungsgeräte zugeordnet. Die unterste Organisationsebene stellen die intelligenten Hordendatenträger (IHD) dar. Im folgenden wird die detaillierte Zuordnung der in Kapitel 5 hergeleiteten Produktionsdaten und Systemfunktionen zu den Komponenten der Organisationsstruktur vorgenommen. Zur Erhöhung der Ausfallsicherheit wird dabei eine partielle Redundanz von Daten und Funktionen innerhalb des Gesamtsystems geschaffen.

# 6.2 Funktionsmodularisierung

### Intelligenter Hordendatenträger (IHD)

Im Gegensatz zu herkömmlichen Systemen kann der intelligente Hordendatenträger neben einfachen Datenspeicherungs- und Hordenidentifikationsfunktionen weitere Aufgaben erfüllen (Bild 6.2). Die Möglichkeiten der indirekten Fördergutidentifikation sind in nahezu beliebiger Detaillierung (Kapitel 5) möglich und werden praktisch nur durch die realisierbare Speicherkapazität begrenzt. Zur Unterstützung von Manuell-/Automatik-Mischbetrieb und zur Entlastung des Leitsystems verfügt der IHD über Bedienerführungs- und Visualisierungsfunktionen direkt am Fördergut. Durch die Quittierung der Verkettungsdaten ist jederzeit der Produktzustand erkennbar. Redundanz von Horden-, Verkettungs- und Prozeßdaten erlaubt den Notbetrieb der Fertigung bei Ausfall der Leittechnik.

Durch diese hohe Funktionalität kann der Einsatzbereich des IHD - über die Aufgabenstellung hinaus - über den Bereich der Chipfertigung hinaus ausgedehnt werden. So kann er z. B. zur Übertragung von Daten der Rohscheibenherstellung sowie zur Übertragung von Daten für den Montagebereich eingesetzt werden.

| Intelligenter Hordendatenträger  IHD | |
| --- | --- |
| Daten | Funktionen |
| ■ Hordendaten<br>( mit Fördergutidentität ) | ■ automatisierte<br>Datenerfassung,-speicherung<br>und -überwachung |
| ■ Verkettungsdaten<br>und Quittungen | ■ indirekte<br>Fördergutidentifikation |
| ■ Prozessdaten<br>  - Sollwerte<br>  - Istwerte | ■ Bedienerführung<br>  - Zielgerät<br>  - Instruktion<br>  - Fehlermeldung<br><br>■ Visualisierung<br>  - Hordendaten<br>  - Verkettungsdaten<br>  - Prozessdaten<br><br>■ Datenredundanz<br>für Notbetrieb<br>  - Hordendaten<br>  - Verkettungsdaten<br>  - Prozessdaten |

**Bild 6.2:**   Daten und Funktionszuordnung für den intelligenten Hordendatenträger

**Periphere Geräteintelligenz (PGI)**

Neben der reinen Schreib-/Lesefunktion werden der peripheren Geräteintelligenz zusätzlich die in Bild 6.3 dargestellten Funktionen zugeordnet.

| Periphere Geräteintelligenz PGI | |
| --- | --- |
| Daten | Funktionen |
| ■ **Gerätedaten**<br><br>- Gerätenummern<br>- alternative Geräte-Nrn.<br>- Gerätebezeichnung<br>- logistische Geräteeigen-<br>  schaften<br>- Kommunikationseigen-<br>  schaften des Gerätes<br>- Prozesseigenschaften<br>  des Gerätes (optional)<br><br>■ **Prozessdaten  (optional)**<br><br>■ **Verkettungsdaten**<br>**(optional)** | ■ **Konfigurierung**<br><br>- logistisches Geräte-<br>  verhalten<br>- Schnittstellenfunktionen<br>    Fördergut<br>    Kommunikation<br>- Gerätenummer<br>- Gerätebezeichnung<br><br>■ **Systemkommunikation**<br><br>■ **Bedienerführung (optional)**<br>- Zielgerät<br>- Fehlermeldungen<br><br>■ **Quittierung**<br>- Arbeitsschritt<br>- Bediener<br><br>■ **Datenerfassung- und**<br>**-speicherung**<br>- Prozessdaten<br>- Verkettungsdaten (optional)<br><br>■ **Plausibilitätskontrollen**<br>- Verkettungsdaten<br>  (Arbeitsschritt)<br>- Prozessdaten<br>  (Arbeitsvorschrift) |

**Bild 6.3**   Daten- und Funktionzuordnung für die periphere Geräteintelligenz (PGI)

Die PGI kann Plausibilitätskontrollen anhand ihrer Konfigurationsdaten und der IHD-Informationen selbständig ohne Eingreifen des Leitsystems durchführen. Durch ihre Schnittstellen zum Fertigungsgerät kann sie den Fertigungsprozeß im Fehlerfall blockieren. Fehlprozessierungen durch manuelle Einflüsse können so verhindert werden. Sie übernimmt außerdem die Quittierung der Fertigungsschritte auf dem IHD und ermöglicht so die ständige Dokumentation des Produktzustandes.

Darüber hinaus kann die PGI Prozeßdaten am Fertigungsgerät verfügbar halten und so einen Notbetrieb der Fertigung bei Ausfall von Kommunikation oder Leitsystem ermöglichen. Zusammen mit universellen Kommunikationsschnittstellen zum Fertigungsgerät und einer leistungsfähigen Konfigurierungsfunktion ist die Anpassung an nahezu jedes Fertigungsgerät möglich. Dadurch ist es möglich, auch an Geräten mit niedrigem Automatisierungsgrad ein Minimum an CAM-Funktionen zur Verfügung zu stellen.

Durch die PGI läßt sich an jedem Gerät eine leistungsfähige, einheitliche informationstechnische Schnittstelle realisieren. Die automatisierte Datenvorgabe und Datenerfassung wird auf diese Weise durchgängig in der gesamten Fertigung möglich.

**Zellenserver (ZS)**

Die Aufgaben des Zellenservers sind in Bild 6.4 dargestellt. Der ZS übernimmt hauptsächlich das Kommunikationsmanagement innerhalb des werkstückbegleitenden Informationssystems und dessen Ankopplung an ein übergeordnetes Leitsystem (Bild 6.5). Beim Leitsystem kann es sich dabei um ein zentrales Leitsystem oder einen dezentralen Zellenrechner handeln. Der ZS kann mittels eigener Hardware oder mittels der Hardware des Zellenrechners realisiert werden.

Der Zellenserver kann neben einer Fertigungszelle sowohl einer Gruppe von Fertigungsgeräten als auch einem einzelnen Fertigungsgerät zugeordnet werden. Eine wesentliche Aufgabe des Zellenservers besteht in der sinnvollen Nutzung der Datenredundanz zur Erhöhung der Ausfallsicherheit der Fertigung. Dabei hat dieser durch geeignete Aktualisierungsalgorithmen die Datenkonsistenz im laufenden Betrieb sowie bei Wiederaufnahme des Betriebs (Restart) nach einem Ausfall von Kommunikation oder Leittechnik sicherzustellen. Neben diesen Funktionen können am ZS leistungsfähige Funktionen wie z. B. Konfigurierung und Materialflußvisualisierung zur Verfügung gestellt werden.

| Zellenserver ZS | |
|---|---|
| **Daten** | **Funktionen** |
| ■ **Zellenkonfigurations-daten**<br>  - Geräte<br>  - Funktionen<br>  - Kommunikations-<br>    umfang | ■ **Systemkonfiguration**<br>  - Konfigurierung der PGI's<br>  - Initialisierung und<br>    Verändern der IHD's<br><br>■ **Bedienerinformation (optional)**<br>  - Aktuelles Zustandsab-<br>    bild der Zelle<br>  - Materialflussvisualisierung<br>    und -überwachung<br><br>■ **Kopplung zum Leitsystem**<br>  - ausgewählte Leitsystem-<br>    funktionen<br>  - Terminalemulation<br><br>■ **Kommunikationsmanagement** |

**Bild 6.4**   Daten- und Funktionszuordnung für den Zellenserver (ZS)

Die Ankopplung an übergeordnete Leitsysteme wird weitgehend unabhängig von spezifischen Leitsystemen als Mailboxschnittstelle konzipiert. Lediglich die leitsystemseitigen Bedienprozesse sind auf diese Weise leitsystemspezifisch auszuführen. Die Funktionen der Schnittstelle werden auf den Austausch von Kommandos und auf den Filetransfer begrenzt.

**Kommunikationseinrichtung (KOM)**

Für die Kommunikation zwischen den peripheren Geräteinitelligenzen untereinander sowie zwischen peripheren Geräteintelligenzen und Zellenserver bestehen dabei prinzipiell zwei Möglichkeiten:

- Kommunikation über Netzwerk

- Kommunikation über Datenträger.

Zur Erhöhung der Ausfallsicherheit der Fertigung wird folgende Festlegung getroffen:

- Netzwerk- und Datenträgerkommunikation im Normalbetrieb

- Datenträgerkommunikation im Notbetrieb.

Mit den autarken Teilsystemen PGI und Fertigungsgerät sowie Fördergut und IHD kann damit die Fertigung auch bei Ausfall von Kommunikation und Leittechnik weiterbetrieben werden.

## 6.3 Grundbetriebsarten

Die Forderung nach Ausfallsicherheit der Fertigung führt zu der folgenden Festlegung der Betriebsarten:

- **Normalbetrieb (Netzwerkkommunikation):**

Durch Kommunikation zwischen den peripheren Geräteintelligenzen untereinander und mit dem Zellenserver über ein Netzwerk werden Funktionen des Zellenservers an den peripheren Geräteintelligenzen verfügbar. Daten und Funktionen der peripheren Geräteintelligenzen stehen dem Zellenserver transparent zur Verfügung.

- **Notbetrieb (Datenträgerkommunikation):**

Durch die gewählte Funktionsaufteilung ist eine eingeschränkte Betriebsart ohne Verwendung der Netzwerkkommunikation möglich. Diese Betriebsart wird vom System automatisch bei Ausfall von Kommunikation, Zellenserver oder Leitsystem angewählt und gestattet mit Hilfe der lokalen Intelligenz der peripheren Geräteintelligenzen und der dort gespeicherten Fertigungsgerätenummer auch in diesem Fall noch die Verriegelung gegen Fehlbeschickung eines Fertigungsgerätes.

Daneben sind noch folgende Betriebszustände vorgesehen:

■ **Testbetrieb:**

Testfunktionen für intelligenten Datenträger, periphere Geräteintelligenz und Zellenserver.

■ **Service- und Einrichtebetrieb:**

Initialisierungs- und Konfigurierungsfunktionen für periphere Geräteintelligenz, Zellenserver, intelligenten Hordendatenträger und Kommunikationseinrichtung.

## 6.4 Bedienung

Zur Unterstützung von Manuell-/Automatikmix und Laborbetrieb muß eine leistungsfähige Bedienerführung dafür sorgen, das Fehlerpotential durch nicht vermeidbare manuelle Eingriffe zu minimieren. Die Bedienfunktionen werden daher so gestaltet, daß sie keine zusätzliche Belastung des Bedieners darstellen, eine eindeutige Bedienerführung ermöglichen sowie die Minimierung von Bedienfehlern unterstützen. Dies bedeutet eine

■ situationsbedingte Bedienerinformation,

■ situationsbedingte Einschränkung der Bedienmöglichkeiten sowie eine

■ Reduzierung der Bedienerentscheidungen.

Auf gerätetechnischer Seite wird dies durch Maßnahmen wie Grafikdarstellung und einfache Eingabemöglichkeiten (z. B. Touchscreen) unterstützt. Die Bedienstruktur ist weitgehend geräteunabhängig gehalten. Die Bedienfunktionen sind darüber hinaus so strukturiert, daß abhängig von Bedienerqualifikation und -aufgaben nach entsprechender Bedieneridentifikation Bedienoberflächen unterschiedlicher Funktionstiefe und unterschiedlichen -umfangs zur Verfügung stehen. Bei der gewählten Funktionsaufteilung sind Bedienschnittstellen am intelligenten Hordendatenträger, an der peripheren Geräteintelligenz und am Zellenserver vorhanden.

**Intelligenter Hordendatenträger**

Aus Gründen der Akzeptanz beim Bedienpersonal und wegen der Analogie zur konventionellen Laufkarte /99, 100/ wird eine Visualisierungsmöglichkeit für

■ Hordennummer,

■ nächsten Arbeitsschritt,

- nächste   Fertigungsgerätenummer,

- nächste(s)  Instruktion/Prozeßrezept  und

- Fehlermeldungen

vorgesehen. Durch diese Bedienerführung direkt am intelligenten Hordendatenträger kann eine "elektronische Laufkarte" realisiert werden.

**Periphere Geräteintelligenz**

Neben denselben Visualisierungsmöglichkeiten wie beim intelligenten Hordendatenträger können an der peripheren Geräteintelligenz auf Anforderung und nach Identifikation des Bedieners auch Basisfunktionen wie z. B. Konfigurierung (s. Kap. 6.2) zur Verfügung gestellt werden.

**Zellenserver**

Hier werden

- freie  Stationen,

- Fehlermeldungen  und  ein

- Materialflußzustandsabbild

dargestellt. Das Materialflußzustandsabbild wird ereignisgesteuert aktualisiert. Neben den Basisfunktionen werden hier Mindestfunktionen des Leitsystems wie Hordengründung, Hordenterminierung und Hordendatenänderung zur Verfügung gestellt. Es kann auch ein selektiver Auszug aus der Auftragsliste des Leitsystems für den Einsatzbereich des werkstückbegleitenden Informationssystems erstellt werden. Durch Implementierung einer Terminalemulation kann der Bediener am Zellenserver auch in vollem Umfang mit dem Leitsystem kommunizieren.

# 6.5    Basisfunktionen

Für die Realisierung der in Kapitel 5 hergeleiteten Systemfunktionen innerhalb des werkstückbegleitenden Informationssystems sind die im folgenden beschriebenen Basisfunktionen notwendig.

## 6.5.1    Datenträgerverwaltung

Die Funktionen zur Datenträgerverwaltung ermöglichen die variable, an unterschiedliche Informationsstrukturen der Fertigung flexibel anpassbare Aufnahme von Horden-, Verkettungs- und Prozeßdaten auf dem Datenträger.

## Strukturierung des Datenträgerinhaltes

Die gewählte Strukturierung von Horden- und Auftragsdaten ist in Bild 6.5 dargestellt. Diese Struktur erlaubt eine flexible Datenhandhabung bei gleichzeitiger Spei-
cherplatzoptimierung /118/.

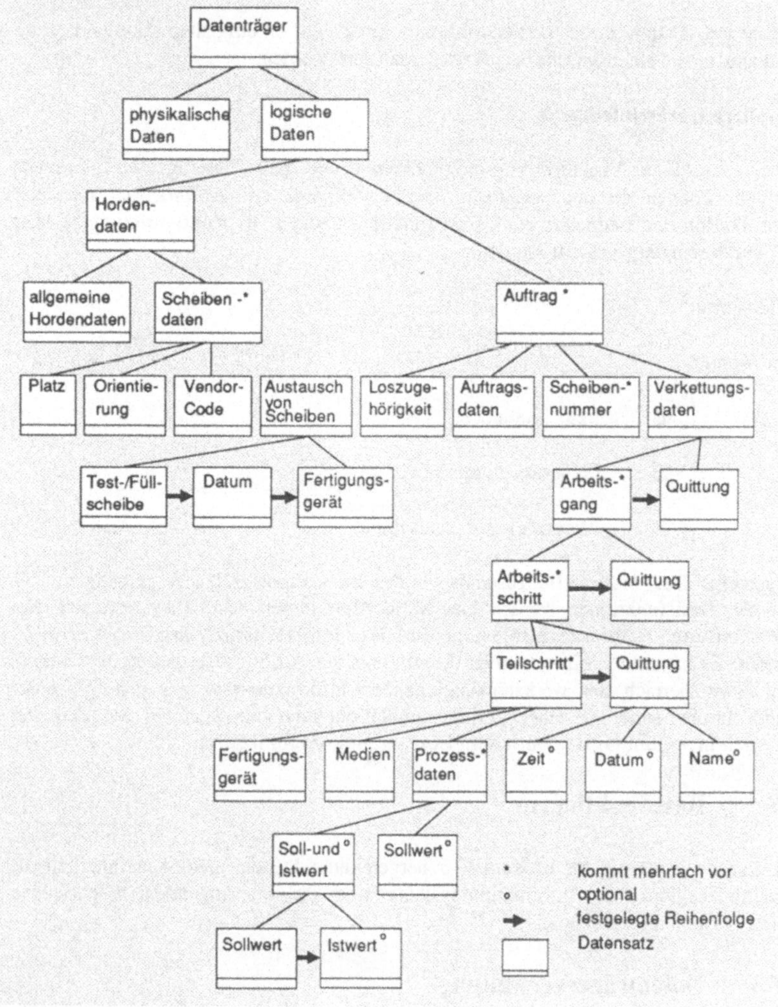


Bild 6.5: Strukturierung des Datenträgerinhaltes

### Änderungsfunktionen für den Datenträgerinhalt

Funktionen zur Änderung von Horden-, Verkettungs- und Prozeßdaten sind überwiegend am Zellenserver direkt, in Einzelfällen auch mit dessen Unterstützung an der peripheren Geräteintelligenz verfügbar. Funktionen zur automatisierten Änderung bestimmter Hordendaten (z. B. Kassettentyp, Scheibenorientierung) sind dagegen auch direkt an der peripheren Geräteintelligenz durch entsprechende Konfiguration realisierbar.

Bei manuellem Betrieb sind die Änderungsfunktionen für einen Teil des Bedienungspersonals (Passwortschutz) zugänglich (z. B. für Eingabe von Informationen über Scheibenbruch, Nacharbeit). Im Automatikbetrieb werden diese Änderungen teilweise vom Zellenserver selbst auf Anforderung des Leitsystems (z. B. Änderung der Hordenpriorität) oder auf Anforderung des Fertigungsgeräts über die periphere Geräteintelligenz (z. B. Änderung der Verkettungsdaten aufgrund testabhängiger Verzweigung) durchgeführt.

Wurden im Zuständigkeitsbereich des Zellenservers Änderungen des Datenträgerinhaltes durchgeführt, so werden diese erst bei Verlassen dieses Bereiches dem Leitsystem zur Aktualisierung von dessen Datenbestand mitgeteilt. Durch Anfrage beim Zellenserver stehen dem Leitsystem jedoch jederzeit die aktuellen Datenträgerinhalte zur Verfügung.

### Formatierung

Zur Erfüllung der Variabilitätsforderungen wird darüberhinaus eine Formatierungsfunktion für den Datenspeicher implementiert (Bild 6.6). Der gesamte Speicherbereich wird dabei in Seiten organisiert. Jede Seite wird in einen Kopf zur Formatierung und in logischen Speicherbereich unterteilt. Im Kopf sind Möglichkeiten zur Kennzeichnung des logischen Speicheranfangs, zur Verkettung der logischen Seiten, zur Anbringung einer Löschkennung für ungültige Daten (Seiten) sowie zur Unterscheidung von Initialisierungsdaten vorgesehen. Dadurch bietet sich die Möglichkeit der Konfigurierung der peripheren Geräteintelligenz über den Datenträger. Die Einführung der Löschkennung dient jedoch hauptsächlich der Reduzierung der physikalischen Löschvorgänge.

Der Umprogrammierzähler dient zur Überwachung der Anzahl der Schreib-/Lesevorgänge. Außerdem ist die Implementierung eines Fehlercodes vorgesehen. Nach der Formatierung steht der logische Speicherplatz frei und transparent zur Verfügung.

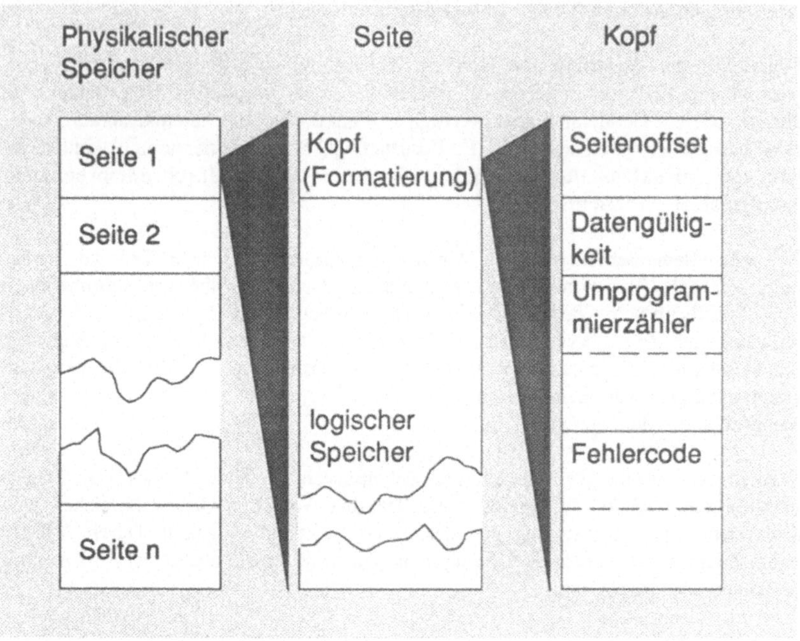


Bild 6.6:   Physikalische Aufteilung des Datenträgers (Formatierung)

## 6.5.2   Netzwerkkommunikation

Die Funktion der Netzwerkkommunikation gestattet es, komfortable Funktionen
zentral im Zellenserver zu implementieren und an den peripheren Geräteintelligenzen zur Verfügung zu stellen. Außerdem erlaubt sie den transparenten Zugriff des
Zellenservers auf lokale Daten und Funktionen der peripheren Geräteintelligenzen
z. B. zum Zwecke der Konfiguration oder der Materialflußvisualisierung. Auch für
ein übergeordnetes Leitsystem kann somit bei Bedarf der direkte Zugriff auf den
Inhalt des Datenträgers ermöglicht werden. Darüber hinaus ist über die Netzwerkkommunikation ein direkter Datenaustausch zwischen peripheren Geräteintelligenzen möglich, wie er bei Fertigungsgeräten mit getrennten oder mehreren
Kassettenbe- und -entladestationen notwendig ist. Die Konfigurierung und Überwachung der Netzwerkkommunikation wird am Zellenserver vorgenommen. Die Dien-
ste der Netzwerkkommunikation sind entsprechend dem ISO/OSI-Referenzmodell
/101/ gegliedert (Bild 6.7).

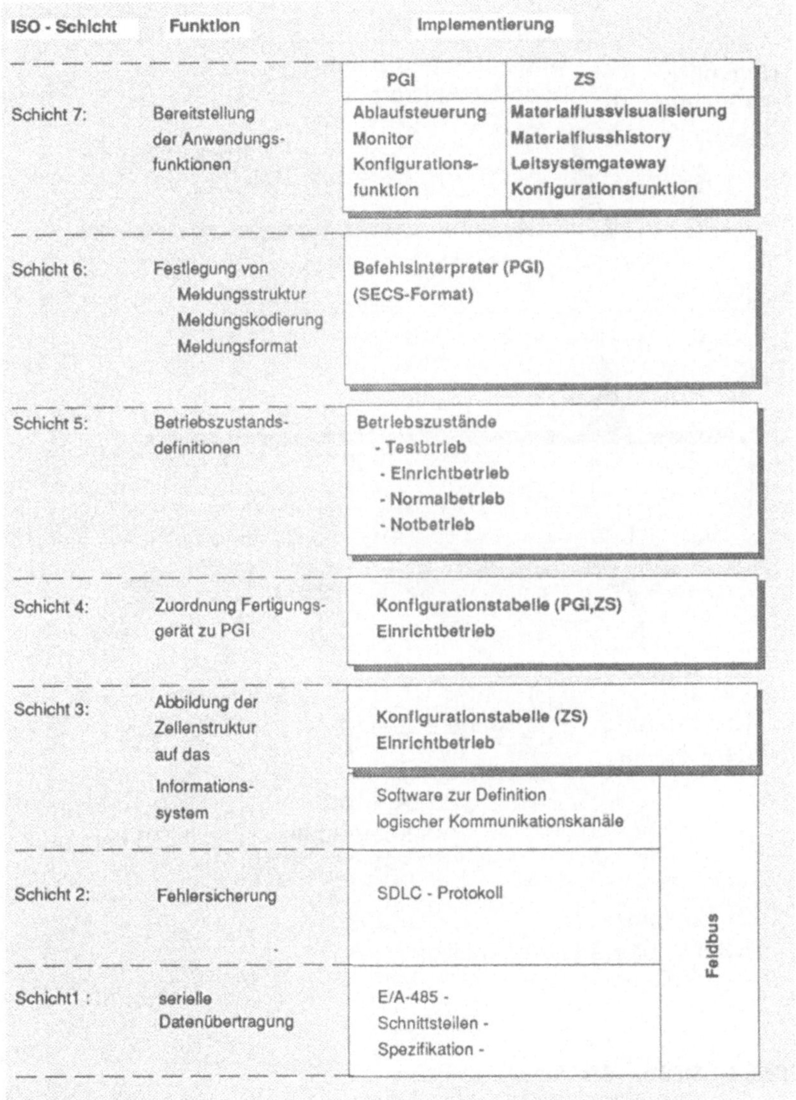

| ISO - Schicht | Funktion | Implementierung | |
|---|---|---|---|
| | | **PGI** | **ZS** |
| Schicht 7: | Bereitstellung der Anwendungs- funktionen | Ablaufsteuerung<br>Monitor<br>Konfigurations- funktion | Materialflussvisualisierung<br>Materialflusshistory<br>Leitsystemgateway<br>Konfigurationsfunktion |
| Schicht 6: | Festlegung von Meldungsstruktur Meldungskodierung Meldungsformat | Befehlsinterpreter (PGI)<br>(SECS-Format) | |
| Schicht 5: | Betriebszustands- definitionen | Betriebszustände<br>- Testbtrieb<br>- Einrichtbetrieb<br>- Normalbetrieb<br>- Notbetrieb | |
| Schicht 4: | Zuordnung Fertigungs- gerät zu PGI | Konfigurationstabelle (PGI,ZS)<br>Einrichtbetrieb | |
| Schicht 3: | Abbildung der Zellenstruktur auf das Informations- system | Konfigurationstabelle (ZS)<br>Einrichtbetrieb<br><br>Software zur Definition<br>logischer Kommunikationskanäle | Feldbus |
| Schicht 2: | Fehlersicherung | SDLC - Protokoll | |
| Schicht 1 : | serielle Datenübertragung | E/A-485 -<br>Schnittstellen -<br>Spezifikation - | |

**Bild 6.7:** Struktur der Kommunikation zwischen peripherer Geräteintelligenz (PGI) und Zellenserver (ZS)

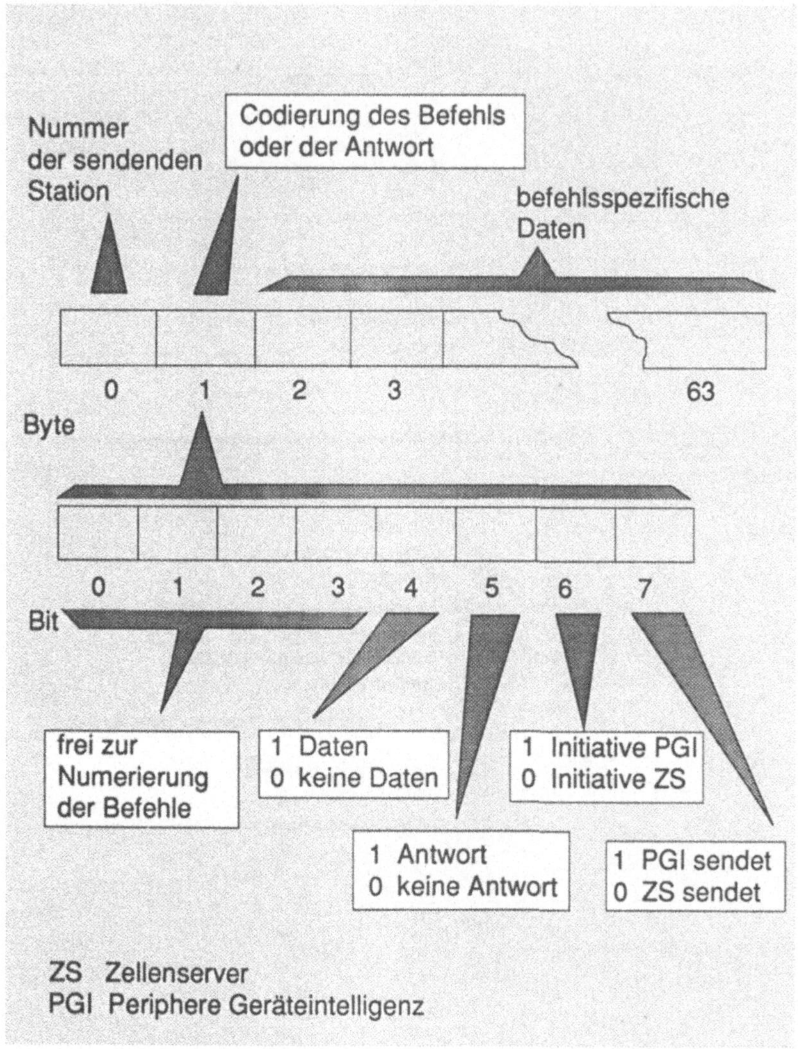



**Bild 6.8**   Struktur des Befehlsinterpreters

Zur variablen Gestaltung der systeminternen Kommunikation wird der Befehlsinterpreter nach Bild 6.8 konzipiert. Er ist weitgehend den SECS-Spezifikationen angeglichen und gestattet eine einfache Strukturierung und Codierung der systeminternen Meldungen.

## 6.5.3 Konfigurierung

Die Konfigurierungsfunktion ermöglicht es,

- Fertigungsgerätenummer (Alternative Fertigungsgerätenummern),

- Fertigungsgerätebezeichnungen,

- Verhalten des Fertigungsgerätes und

- Schnittstellenfunktionen

festzulegen und zu verändern. Sie ist nur im Einrichtebetrieb verfügbar und durch Passwort geschützt. Bei der Konfiguration des Fertigungsgeräteverhaltens handelt es sich hauptsächlich um dessen logistisches Verhalten. Dies umfaßt:

- Konfiguration der Be-/Entladestationen,

- Einzelscheibenverhalten hinsichtlich Hordenaufspaltung und Hordenmischung sowie Änderung der Reihenfolge oder Orientierung der Scheiben in der Kassette,

- vom Fertigungsgerät verwendeter oder veränderter Kassettentyp (Umhordung).

Nach der gewählten Funktionsaufteilung zwischen peripheren Geräteintelligenzen und Zellenserver sind diese Funktionen sowohl zentral am Zellenserver als auch lokal an den peripheren Geräteintelligenzen verfügbar. Am Zellenserver werden zusätzlich Konfigurierungsfunktionen für die Netzwerkkommunikation und die Kommunikation mit dem Leitsystem implementiert.

## 6.6 Hardwarearchitektur

## 6.6.1 Gerätegliederung

Aufbauend auf der Funktionsmodularisierung wird die Gliederung der Gerätemodule nach Bild 6.9 vorgenommen. Für Kommunikationsnetzwerk (KOM) und Zellenserver (ZS) finden Standard-Industrieprodukte Verwendung. Entwicklungsbedarf besteht für den intelligenten Hordendatenträger (IHD), die Übertragungseinrichtung (UE) und die periphere Geräteintelligenz (PGI).

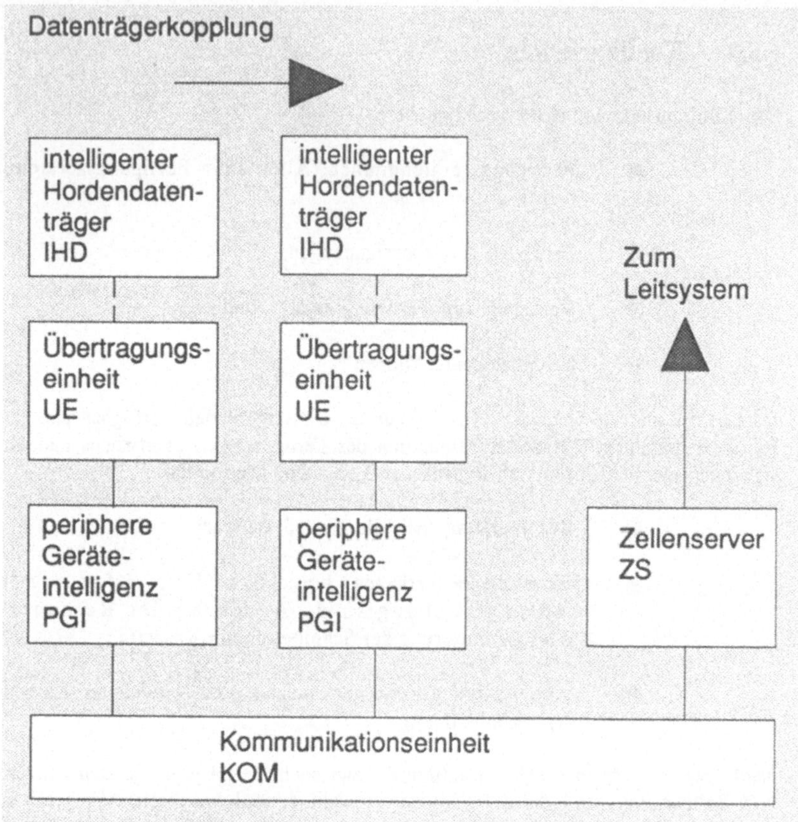



**Bild 6.9:** Architektur des werkstückbegleitenden Informationssystems

Entsprechend den Variabilitätsforderungen und den Forderungen nach Aufwärts-kompatibilität und Erweiterungsfähigkeit wird ein modularer Aufbau der Übertragungseinheiten und peripheren Geräteintelligenzen zugrundegelegt (Bild 6.10).

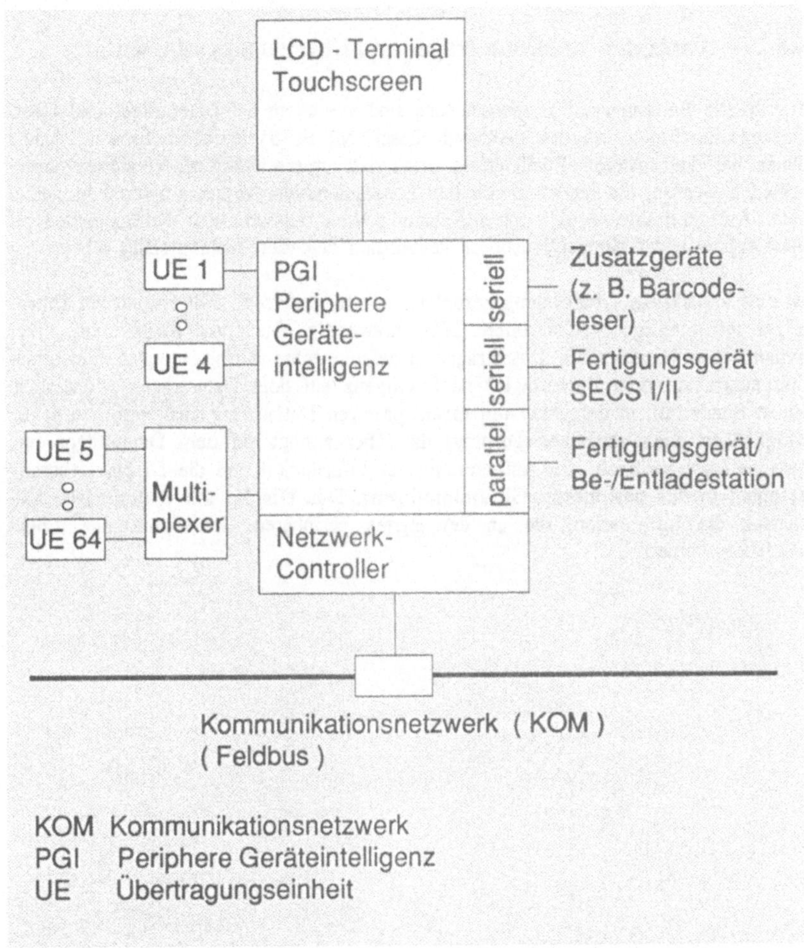



**Bild 6.10:**  Modularer Aufbau von Übertragungseinrichtung und peripherer Geräteintelligenz

Auf der Basis dieses Hardwarekonzepts sind durch unterschiedliche Ausbaustufen der Hardware (IHD, UE) und durch unterschiedliche Softwareimplementierungen verschiedene Versionen des werkstückbegleitenden Informationssystems realisierbar.

## 6.6.2 Varianten von Datenträger und Übertragungseinrichtung

Prinzipielle Varianten auf Hardwareebene sind vor allem bei Datenträger und Übertragungseinrichtung möglich. Anhand dieser beiden Systemkomponenten können daher bei der späteren Realisierung prinzipiell unterschiedliche Versionen unterschieden werden, die jedoch durch den konzeptionellen Ansatz aufwärtskompatibel sind. Aufgrund ihrer funktionalen Abhängigkeiten müssen diese Komponenten jedoch schon in der Konzeptionsphase gemeinsam diskutiert werden (Bild 6.11).

Ist eine kontaktlose Übertragung gefordert, so wird auf jeden Fall ein aktiver Datenträger mit Intelligenz (Controller, CPU) notwendig. Auch zur Realisierung eines dynamischen Displays am Datenträger (anzeigegerechte Aufbereitung der Information autark auf dem Datenträger) ist Intelligenz auf dem Datenträger erforderlich. Einen Sonderfall, in dem man mit einem passiven Datenträger auskommt, stellt die Möglichkeit eines statischen Displays dar. Hier genügt auf dem Datenträger eine passive Anzeigeeinheit, die Aufbereitung der Information und die Displaysteuerung erfolgen in der peripheren Geräteintelligenz. Das Display am Datenträger hält statisch die Information, die an der letzten peripheren Geräteintelligenz eingeschrieben wurde.

| Merkmale \ Alternativen | 1 | 2 | 3 | 4 | 5 | 6 |
|---|---|---|---|---|---|---|
| Funktionsprinzip | aktiv, CPU | passiv, nur Speicher | | | | |
| Speicherelement | EEPROM | RAM | NVRAM | Bubble | | |
| Spannungsversorgung für Speicherung | Batterie | Akku | keine | Solarzelle | | |
| Spannungsversorgung für Schreib-/Lesevorgang | Batterie | Akku | externe Zuführung, Kontakte | externe Zuführung, induktiv | externe Zuführung, infrarot | Solarzelle |
| Display | statisch, beschreibbar an Schreib-/Lesestation | statisch, eigene Aufbereitung, festes Format | dynamisch, eigene Aufbereitung | keines | | |
| Tastatur | Funktionstasten | keine | | | | |
| Datenübertragung | kontaktierend | berührungslos statisch | berührungslos dynamisch | | | |

Bild 6.11  Variationsmöglichkeiten  bei  Datenträger  und  Übertragungseinrichtung

Eine weitere, im Hinblick auf Kosten, technischen Aufwand und Akzeptanz sehr interessante Alternative ist der Verzicht auf ein Display am Datenträger und die Ausrüstung des Bedieners mit einem portablen Lesegerät.

Sowohl beim Datenträger als auch bei der peripheren Geräteintelligenz sind Varianten der Übertragungseinheit hinsichtlich Datenbreite, Übertragungsprotokoll und

| Varianten der Übertragungsart | | | |
|---|---|---|---|
| 1 | 2 | 3 | 4 |
| berührend | | berührungslos | |
| kontaktierend | kontaktlos | | |
| statisch | | | dynamisch |

Bild 6.12:  Grundsätzliche Übertragungsarten zwischen intelligentem Hordendatenträger (IHD) und peripherer Geräteintelligenz (PGI)

Übertragungsart möglich. Grundsätzlich kommen dafür die Übertragungsarten nach Bild 6.12 in Frage.

Dabei steigen technischer Aufwand und Kosten in der oben dargestellten Reihenfolge von den kontaktierenden zu den berührungslos arbeitenden Verfahren. Der Unterschied zwischen Verfahren 2 und 3 liegt im wesentlichen im Leseabstand. Verfahren 4 bietet zusätzlich die Möglichkeit, den Datenträger "im Vorbeifahren", also mit Relativbewegung zwischen Datenträger und peripherer Geräteintelligenz, zu lesen und zu beschreiben.

Neben der direkten Kontaktierung kommen hauptsächlich induktiv oder infrarot arbeitende Verfahren in Frage. Optimal bei einer berührungslosen Übertragung ist die Kombination von induktivem Verfahren zur Energieübertragung und infrarotem Verfahren zur Nachrichtenübertragung.

## 6.6.3  Schnittstelle zum Fertigungsgerät

Hier wird eine binäre Ein-/Ausgabe-Schnittstelle zur Be- und Entladestation und eine RS-232-C Datenschnittstelle mit optionalem SECS I/II-Protokoll zum Fertigungsgerät vorgesehen. Auf diese Weise kann das werkstückbegleitende Informationssystem auch mit nicht kommunikationsfähigen Fertigungsgeräten verbunden werden. Dadurch kann z. B. ein automatischer Start des Fertigungsgeräts sowie ein Blockieren des Fertigungsgeräts bei falsch aufgesetztem Behälter nach Aufsetzen und Kontrollieren realisiert werden.

Da eine SECS-Schnittstelle bei kommunikationsfähigen Fertigungsgeräten z. B. auch zur Kommunikation mit dem Leitsystem gebraucht wird, steht sie dem werkstückbegleitenden Informationssystem nicht in allen Fällen ausschließlich zur Verfügung. Für diesen Fall sind zwei Lösungen möglich. Die SECS-Schnittstelle kann durch die periphere Geräteintelligenz lediglich durchgeschleift und die logistischen Daten für das Informationssystem herausgefiltert werden. Bei der zweiten, eleganteren Lösung wird die Information der SECS-Schnittstelle transparent über das Kommunikationsnetzwerk des Informationssystems übertragen. Die Bearbeitung der Information übernimmt der zum Zellenrechner /102/ erweiterte Zellenserver. Die Kommunikation mit dem Leitsystem erfolgt nur im Bedarfsfall.

Die Kommunikationseinrichtung muß hinsichtlich Verfügbarkeit und Störsicherheit den hohen Anforderungen in der Fertigung genügen. Sie muß so gewählt werden, daß keine störende Beeinflussung durch Fertigungsgeräte, Versorgungstechnik, Magnetfelder etc. möglich ist. Neben geringen Kosten ist vor allem ein niedriger Verkabelungsaufwand für Installation und Modifikation anzustreben. Einzelne Kommunikationsteilnehmer sollten ohne Unterbrechung der laufenden Kommunikation angeschlossen werden können, außerdem darf der Ausfall eines einzelnen Teilnehmers nicht zum Erliegen der gesamten Kommunikation führen. Bild 6.12 gibt einen Überblick über die Realisierungsmöglichkeiten für die Netzwerkkommunikation /103, 104, 105/. Sowohl bei der Netzwerkkommunikation (Feldbus) als auch bei der Leitsystemankopplung (DECnet, Ethernet, TCP/IP) /81, 82/ wird aus Gründen der Leistungsfähigkeit und Kompatibilität auf vorhandene Verfahren der Rechnervernetzung zurückgegriffen.

| Kommunikations-architektur \ Alternativen | 1 | 2 | 3 | 4 | 5 |
|---|---|---|---|---|---|
| Topologie | Punkt zu Punkt | Bus | | | |
| Medium | Twisted Pair | Koaxialkabel | MAP | | |
| Physikal Layer | Ethernet | RS 232 C RS 485 | SECS I | MAP | |
| Data Link Layer | Ethernet | SECS I | Token Ring | MAP | firmenspez. |
| Network Layer | DECnet | Internet Protokoll | MAP | firmenspez. | |
| Transport Layer | DECnet | Internet Protokoll | MAP | eigene Definition | |
| Application Layer | CAM-spezifisch | SECS I | eigene Definition | MAP | firmenspez. |

Bild 6.13:  Realisierungsmöglichkeiten  für  die  Kommunikationseinrichtungen

## 6.7  Gerätetechnische Ausführung

Wegen der Verfügbarkeit am Markt und wegen der Möglichkeit der Standardisierung wird für die Umsetzung des automatisierungsgerechten Förderhilfsmittelssystems das SMIF-Konzept zugrunde gelegt. Die weiteren Ausführungen zur Gerätetechnik beziehen sich daher auf dieses System.

**Intelligenter Hordendatenträger**

Je nach Inhalt und Organisation der Daten beträgt der minimale Kapazitätsbedarf auf dem Datenträger bis zu 64 KByte. Dies ergab die Untersuchung verschiedener Fertigungsprozesse. Begrenzender Faktor ist jedoch neben der Verfügbarkeit von Speicherbausteinen entsprechender Kapazität auch die mit dem Speicherumfang des Datenträgers ansteigende Zeit für komplettes Auslesen oder Beschreiben.

Weiterhin ist für eine ausreichende Schreib-/Lesegeschwindigkeit zu sorgen. Die Zeit für einen Schreib-/Lesevorgang ist im wesentlichen abhängig von:

- Art des Datenträgers (RAM, EEPROM),

- Inhalt und Umfang der Daten,

- Organisation und Codierung der Daten,

- Übertragungsart und

- Übertragungsrate.

Die Übertragungsraten liegen für die zur Verfügung stehenden Übertragungsarten zwischen 0,7 und 40 ms/Byte. Besonders durch eine günstige Organisation der Daten und einen günstigen Quittierungsmechanismus können die Antwortzeiten für den Bediener reduziert werden /9, 106/.

Der Datenbestand darf weder durch Störeinflüsse (Magnetfeldeinstreuungen, elektrostatische Aufladung usw.) noch durch Spannungsausfall gefährdet werden /107, 108/.

Die Lebensdauer des Datenträgers sollte zumindest in derselben Größenordnung wie die Nutzungsdauer des Transportbehälters liegen, um keinen zusätzlichen Aufwand für Wartung und Reparatur zu verursachen. Bei einem Transportbehälter kann von einer Nutzungsdauer von 3 Jahren ausgegangen werden /106/.

Gefordert ist die Beständigkeit gegen Dämpfe der verwendeten Prozeßmedien /110/. Resistenz gegen die üblicherweise zur Behälterreinigung verwendeten Medien (Deionisiertes Wasser und schwache Laugen bei 60 - 70 Grad Celsius, teilweise auch Zusätze von nicht ionischen Tensiden) /111, 112/ läßt sich bei entsprechender Konstruktionsausführung erreichen. Zur Reinigung des Behälters sollte der Datenträger jedoch abgenommen werden können. Die Auswahl der Materialien und die konstruktive Ausführung müssen so erfolgen, daß eine Kontamination der Umgebung ausgeschlossen wird. Das bedeutet insbesondere die Vermeidung von Spalten und Ritzen, in denen sich Partikel absetzen können /113/.

Der Datenträger ist austauschbar, besitzt eine Selbsttestfunktion und ist zur Boxenreinigung nur mit Spezialwerkzeug demontierbar. Um eine Anbringung des Datenträgers an den unterschiedlichen SMIF-Behältern zu ermöglichen und gleichzeitig mit einer einzigen Gehäuseausführung auszukommen, wird ein Adapter entworfen, an dem das eigentliche Datenträgergehäuse mittels Schnappverschluß befestigt werden kann. Der Adapter selbst kann durch verschiedenste Fügeverfahren (Schweißen, Kleben usw.) am Behälter angebracht werden. Bei der Neugestaltung solcher Behälter (Standardisierung) kann der Adapter integriert werden. Das Datenträgergehäuse selbst besteht aus dem Datenspeichergehäuse und dem Displaygehäuse, die steckbar miteinander verbunden werden können. Das Speicherelement selbst (EEPROM-Version) bzw. die Pufferbatterie (RAM) sind leicht austauschbar.

**Periphere Geräteintelligenz**

Es muß gewährleistet sein, daß die periphere Geräteintelligenz an allen Einrichtungen im Materialfluß adaptiert werden kann, an denen Veränderungen der Horde vorgenommen werden können oder deren Passieren protokolliert werden muß. An der peripheren Geräteintelligenz muß die Möglichkeit der Dateneingabe über Terminal, Barcode-, Magnetkarten- oder Chipkartenleser usw. zur Bedieneridentifikation, Datenerfassung, Quittierung usw. gegeben sein. Die periphere Geräteintelligenz muß so konzipiert werden, daß Fertigungsgeräte mit unterschiedlicher Anzahl, Funktion und Anordnung ihrer Be-/Entladestationen damit ausgerüstet werden können. Durch die Übertragungseinheit und insbesondere durch den Übertragungsvorgang darf keine zusätzliche Kontamination in der Scheibenumgebung und im umgebenden Reinraum erzeugt werden. Somit ist jeglicher Abrieb zu vermeiden und auf den Einsatz von beweglichen Elementen möglichst zu verzichten. Für den Fall eines Kontaktierungsvorgangs bedeutet dies die Vermeidung von schleifender Kontaktierung. Die Bedienungselemente sollten ergonomisch günstig angebracht sein und das Display im Blickfeld des Bedieners liegen, woraus sich Mindestanforderungen an Zeichengröße und Kontrast ergeben. Für die periphere Geräteintelligenz werden zwei Gehäuseversionen konzipiert. Die eine dient zur Ausrüstung von bestehenden Fertigungsgeräten, die andere ist als OEM-Version für Geräteneuentwicklungen vorgesehen. Die Bedienungseinheit sowie die Übertragungseinheiten können getrennt von der Zentraleinheit montiert werden.

# 7 Realisierung des werkstückbegleitenden Informationssystems

## 7.1 Aufbau eines Funktionsmusters

Ziel der Realisierung eines Funktionsmusters war die Überprüfung der konzipierten Funktionalität sowie die Erstellung eines universellen Grundsystems für den Test von Systemvarianten. Für die Realisierung wurde dabei auf die aufwendigere berührungslose Signalübertragung zwischen intelligentem Hordendatenträger und peripherer Geräteintelligenz verzichtet. Stattdessen wird beim Funktionsmuster kontaktierend übertragen. Für die funktionale Überprüfung des Ansatzes bedeutet dies keine Einschränkung.

### 7.1.1 Gerätekomponenten

**Datenträger**

Als Datenträger konnten beim Funktionsmuster durch die Verwendung einer standardisierten Übertragungsschnittstelle ($I^2$C-Bus) verschiedene Varianten getestet werden. Die einfachste Variante des passiven Datenträgers ohne Intelligenz enthielt ausschließlich einen elektronischen Datenspeicher. Für Testzwecke wurde sowohl eine Version mit EEPROM als auch mit batteriegepuffertem statischem RAM realisiert. Dadurch war es möglich, die EEPROMs, die sich durch eine energielose Datenspeicherung auszeichnen, auf ihre Eignung unter realen Bedingungen zu testen.

Realisiert wurden ein Datenspeicher mit 64 KB EEPROM /114/ sowie eine Version mit RAM. Zur Pufferung kam dabei eine Lithiumbatterie zum Einsatz, die eine Lebensdauer von mindestens 5 Jahren garantiert /115/.

**Periphere Geräteintelligenz**

Die periphere Geräteintelligenz wurde so ausgelegt, daß jeweils 2 Kassettenbe-/Entladestationen von einer peripheren Geräteintelligenz bedient werden können. Übertragungseinheit und Bit-Ein-/Ausgabeschnittstelle sind daher an der peripheren Geräteintelligenz doppelt ausgeführt.

Die periphere Geräteintelligenz ist an alle gängigen Fertigungsgerätetypen adaptierbar. Übertragungs- und Bedienungseinheit (Display und Tastatur) können getrennt von der Zentraleinheit angebracht werden.

Die periphere Geräteintelligenz ist lokal über Display und Tastatur, über Datenträger, über RS-232-C Terminalschnittstelle und Programmiergerät (portabler PC) sowie zentral über Kommunikationseinrichtung und Zellenserver konfigurierbar.

Die Konfigurationsdaten werden intern in einem EEPROM gespeichert und bleiben auch bei Spannungsausfall erhalten.

**Zellenserver**

Für die Realisierung der Zellenserverfunktionen wurde ein multitaskingfähiger Rechner eingesetzt. Hauptsächlich wegen der Verfügbarkeit von Feldbuscontrollern wurde ein MS-DOS/UNIX-Hybridrechner mit IBM-PC/AT-Bus gewählt /116/. Dadurch ließ sich der Entwicklungsaufwand für die Netzwerkkommunikation reduzieren.

## 7.1.2 Schnittstellen

Einen Überblick über die internen und externen Schnittstellen des werkstückbegleitenden Informationssystems gibt Bild 7.1. Die Realisierung der wichtigsten Schnittstellen beim Funktionsmuster wird im folgenden kurz beschrieben.

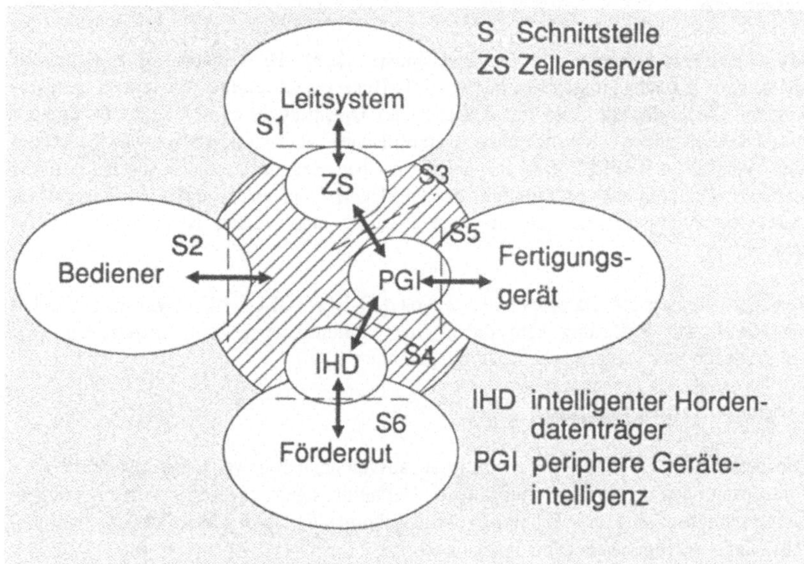


Bild 7.1:  Interne und externe Schnittstellen des werkstückbegleitenden Informationssystems

**Leitsystemschnittstelle S1**

Als Basis für die Kopplung zu Leitsystemen wurde aufgrund von Kompatibilität und Leistungsdaten der Ethernet-Standard gewählt. Beim Funktionsmuster wurde als universelle Lösung auf das ebenfalls auf Ethernet basierende TCP/IP-Protokoll zurückgegriffen. Dieses Protokoll gestattet die transparente Vernetzung inhomogener Rechnerfamilien und ist für eine große Zahl von Rechnersystemen verfügbar /117, 118/. Auf höherer Ebene ist dadurch die Verwendung des SECS II-Protokolls oder die direkte Anpassung an das jeweilige Leitsystem möglich.

**Bedienerschnittstelle S2**

Bedienerschnittstellen des konzipierten werkstückbegleitenden Informationssystems wurden an

- Zellenserver

- peripherer Geräteintelligenz und

- Datenträger (in eingeschränkter Form)

realisiert. Die Schnittstellen wurden folgendermaßen ausgeführt:

**Am intelligenten Hordendatenträger:**

Bei statischem Display kann dieses nur an den peripheren Geräteintelligenzen beschrieben werden und hält dann diese Information. Folgende Informationen werden angezeigt:

- Hordennummer

- nächster Prozeßschritt

- nächste Fertigungsgerätenummer/-bezeichnung

- nächste(s) Instruktion/Rezept.

**An der peripheren Geräteintelligenz:**

An der peripheren Geräteintelligenz wurden die Funktionen der Bedienerschnittstelle bewußt auf ein Minimum reduziert, um die zusätzliche Belastung des Bedieners zu minimieren. Es wurden ein 4-zeiliges, alphanumerisches LCD-Display mit 20 Zeichen pro Zeile zur Klartextanzeige (identisch mit Display am Datenträger), 3 Tasten mit Softkeyfunktionen sowie Statusanzeigen für Überwachung von Be-/Entladestationen und Kommunikationsnetzwerk verwendet. Das Display wird seriell angesteuert.

**Am Zellenserver:**

Hier stehen ein Grafikbildschirm zur Visualisierung und eine Standard-ASCII-Tastatur für Bedienung und Dateneingabe zur Verfügung. Auch Barcode-Lesestift und Maus sind hier anschließbar.

**Zwischen PGI und ZS (Netzwerkkommunikation) S3**

Zur Realisierung der Netzwerkkommunikation wurde aus Gründen der schnellen Verfügbarkeit am Markt eine firmenspezifische Lösung eines Feldbusses auf RS 485 Basis (KIN, Kuhnke-Industrie-Netz) /86/ verwendet. Hier sind die Funktionen entsprechend den Ebenen 1 - 3 des ISO/OSI-Modells bereits implementiert /119/. KIN-Controller gibt es sowohl für den IBM-PC/AT-Bus als auch als SPS-Karte.

**Zwischen IHD und PGI (Übertragungseinheit) S4**

Für die Datenübertragung zwischen Datenträger und peripherer Geräteintelligenz wird der $I^2C$-Bus /88, 120, 121/ eingesetzt. Dadurch ist die Kompatibilität zur Chip-Karte gewährleistet /123/. Der $I^2C$-Bus wird über Kontakte geführt. Die Anschlüsse sind kurzschlußfest ausgelegt, um bei gleichzeitiger Berührung mehrerer Kontakte eine Beschädigung der peripheren Geräteintelligenz auszuschließen. Durch den modularen Aufbau ist eine nachträgliche Ergänzung durch eine induktive, infrarote oder kombinierte Übertragungseinheit möglich.

**Zwischen PGI und Fertigungsgerät (Be-/Entladestation) S5**

Als Schnittstelle zu den Kassetten-Be-/Entladestationen oder zum Fertigungsgerät stehen pro Übertragungseinheit 4 galvanisch getrennte Bit-/Ein- und Ausgänge zur Verfügung. Dies entspricht einem Vorschlag für die Verwendung der Bit-Ein-/Ausgänge, der auch einem Standardisierungsentwurf für Schnittstellen bei lokalen Reinraumsystemen /124/ zugrunde gelegt wurde.

Zwei weitere RS-232-C-Schnittstellen können je nach Bedarf zur Kopplung von peripheren Geräteintelligenzen untereinander, zum Anschluß eines Terminals oder zur Kopplung an kommunikationsfähige Fertigungsgeräte über SECS I/II-Protokoll dienen. Dazu sind im Einrichtebetrieb neben den üblichen Parametern für serielle Schnittstellen wahlweise auch SECS-Schnittstellenparameter einstellbar. Die RS-232-C-Schnittstellen sind zur Potentialtrennung galvanisch entkoppelt ausgeführt.

**Zwischen IHD und Fördergut S6**

Der IHD wird fest mit dem Förderhilfsmittel (SMIF-Box) verbunden und verbleibt während des ganzen Fertigungsdurchlaufs an der Box. Die der Horde zugeordneten Daten begleiten diese daher auf wechselnden physikalischen Speichermedien, jedoch mit einer festen virtuellen Zuordnung zur Horde.

## 7.1.3 Softwarekonzept

Die Softwarestruktur der peripheren Geräteintelligenz ist in Bild 7.2 dargestellt. Sie baut auf einem Systemkern auf, der neben einer Konfigurierungsfunktion die eigent-

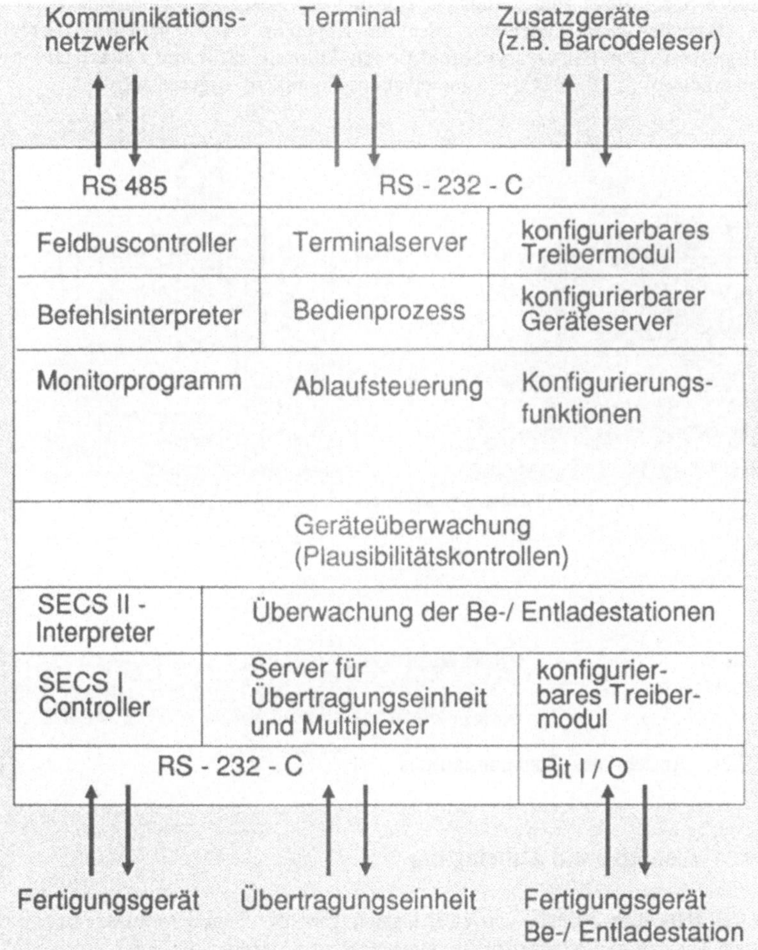


Bild 7.2:   Programmstruktur in der peripheren Geräteintelligenz

lichen Systemfunktionen wie Überwachung der Be-/Entladestationen, Quittierung, Datenzwischenspeicherung, Datenversendung usw. umfaßt. Der Systemkern wird durch die Ein-/Ausgabefunktionen, die Datenträgerfunktionen und die Funktionen zur Netzwerkkommunikation unterstützt.

Die Ein-/Ausgabefunktionen beinhalten neben der Bedienung der Bit-Ein-/Ausgabe-Schnittstelle und dem Bediendialog über Display und Tasten auch die Bedienung der SECS-Schnittstelle zum Fertigungsgerät und der RS-232-C-Schnittstelle zu Terminal, Barcode- oder Kartenleser oder zur Kopplung zweier peripherer Geräteintelligenzen. Die Ein-/Ausgabefunktionen können dafür im Bedarfsfall mit Spezialmodulen (z. B. SECS-Kommunikations-Controller) ergänzt werden.

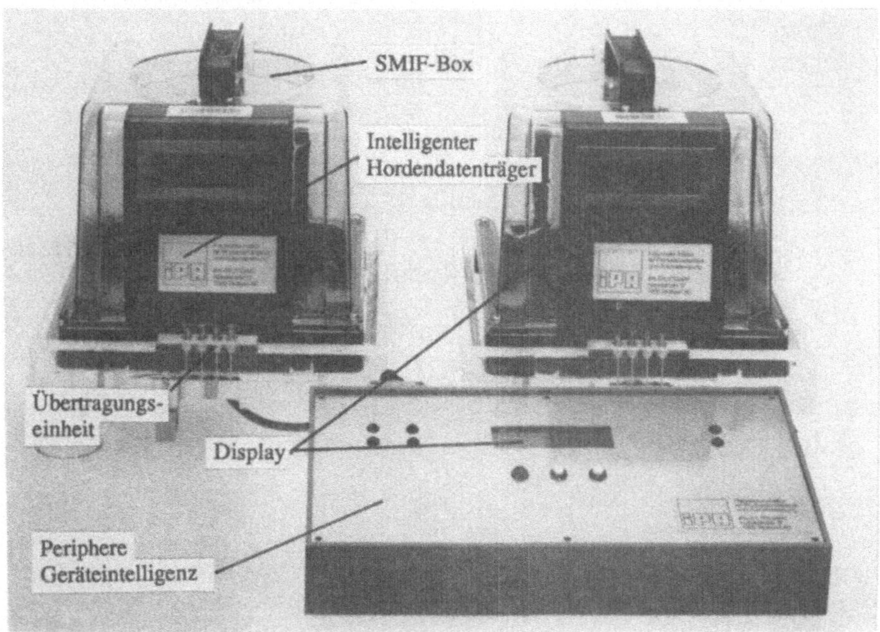


Bild 7.3:   Ansicht des Funktionsmusters

## 7.1.4   Gehäuse und Anbringung

Bild 7.3 zeigt eine Ansicht von zwei Datenträgern des Funktionsmusters mit integriertem Display und Kontaktstiften, angebracht an SMIF-Boxen. Durch die Ausführung des Gehäuses kann der Datenträger ohne mechanische Änderungen der Behälter angebracht werden. Für die Übertragungseinheit wurden federnde Kontaktstifte aus der Platinentesttechnik verwendet. Die Übertragungseinheiten wurden an einem Modell einer Kassetten-Be-/Entladestation mit zwei SMIF-Port-Nachbildungen angebracht. Die periphere Geräteintelligenz wurde in einem handelsüblichen Pultgehäuse untergebracht.

## 7.2  Integration in eine Pilotzelle

Dieser Arbeitspunkt zeigt die Anwendungsmöglichkeiten in der Fertigung und die erforderlichen Maßnahmen bei Einsatz des werkstückbegleitenden Informationsspeichers.

## 7.2.1  Fertigungsumgebung

Die funktionale Erprobung des Gesamtsystems erfolgte im Rahmen eines Pilotprojekts zur Zellenautomatisierung. Zielsetzung dieses Projektes war der pilotartige Aufbau einer flexibel automatisierten Halbleiterfertigungszelle mit folgenden Merkmalen:

- Lokales Reinraumsystem mit SMIF-Schnittstelle

- Bedienertolerantes, hochflexibles automatisiertes Transportsystem (Portalroboter, Manuell/Automatik-Mix)

- Kopplung an ein Korridortransportsystem

- Werkstückbegleitendes Informationssystem zur Fördergutidentifikation und Betriebsdatenerfassung

- Autarkes, dezentrales Steuerungskonzept mit Zellenrechner

- Ankopplung an Leitsystem (COMETS)

Bei dem skizzierten Anwendungsfall bildete das konzipierte werkstückbegleitende Informationssystem die Basis für eine dezentral organisierte, hochflexible Halbleiterfertigung. Die Fertigung ist gegliedert in einen Hauptkorridor, um welchen fingerförmig manuelle, teil- und vollautomatisierte Fertigungssektoren angeordnet sind (Bild 7.4). Im Hauptkorridor erfolgt die Transportsteuerung zu den Materialflußschleusen der einzelnen Fertigungssektoren dezentral aufgrund des Datenträgerinhaltes oder auf Anweisung des Leitsystems. An den Materialflußschleusen wird eine Plausibilitätsprüfung mit Hilfe der Datenträgerinformation vorgenommen - im Fehlerfall wird ein Rücktransport ins zentrale Lager ausgelöst.

Bild 7.4 zeigt eine schematische Darstellung der Fertigungszelle. Sie enthält die verschiedenen Fertigungsgeräte, Zellenlager, Gerätepuffer, die Materialschleuse und das Transportsystem.

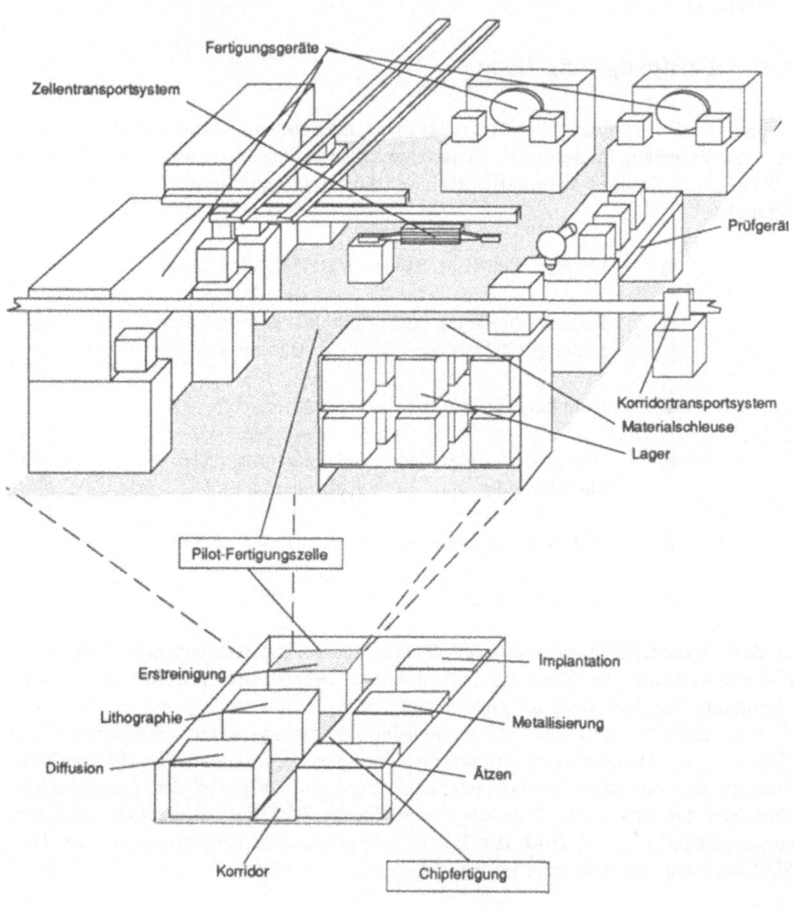


Bild 7.4:   Schematische Darstellung der Fertigungszelle

Fertigungsgeräte und Materialschleuse wurden an jeder Be- und Entladestation mit Übertragungseinheiten ausgerüstet. Die Art der Ausrüstung von Zellenlager und Gerätepuffer mit Übertragungseinheiten war dabei abhängig vom Lagertyp und von der Betriebsart in der Zelle.

## 7.2.2 Integration des werkstückbegleitenden Informationssystems

Bei der Art der Implementierung des Informationssystems an Zellenlager und Gerätepuffer wurden die Betriebsarten der Zelle

- Manueller Betrieb

- Manuell-Automatik-Mischbetrieb   und

- Vollautomatischer Betrieb

unterschieden.

### Manueller Betrieb

Bei rein manuellem Betrieb entspricht die Arbeitsweise in der Zelle direkt der heute üblichen. Das Leitsystem verteilt die Horden auf die einzelnen Zellen. Bei der Übergabe durch die Materialschleuse kann der Materialzu- und -abgang vom Zellenrechner registriert werden. Der Bediener kann der Displayinformation an der peripheren Geräteintelligenz nun das Zielfertigungsgerät und den nächsten Arbeitsschritt entnehmen. Bei Aufsetzen des Behälters auf ein falsches Fertigungsgerät wird die Bearbeitung blockiert und der Bediener mit Hilfe des Displays an Datenträger und peripherer Geräteintelligenz an das richtige Fertigungsgerät geführt. Das Arbeiten mit dem werkstückbegleitenden Informationssystem gestaltet sich daher für den Bediener sehr einfach. In dieser Betriebsart müssen bei manuell bedienten Lagern und Puffern alle Plätze mit Übertragungseinheiten versehen werden.

### Vollautomatischer Betrieb

Im vollautomatischen Betrieb wird die Verwaltung und Bedienung sämtlicher Lager- und Pufferplätze von Zellenrechner und Transportsteuerung vorgenommen. Übertragungseinheiten werden lediglich an den Fertigungsgeräten und an den Materialschleusen benötigt. Sämtliche Transport- und Handhabungsaufgaben werden vom Transportsystem erledigt. Der Bediener hat lediglich Überwachungsfunktionen.

### Manuell-/Automatik-Mischbetrieb

Bei Manuell-Automatik-Mischbetrieb sind neben dem automatisierten Zellenablauf auch noch manuelle Arbeitsgänge in der Zelle erforderlich. Diese müssen lückenlos vom werkstückbegleitenden Informationssystem überwacht und protokolliert werden. Dazu müssen wie bei Manuellbetrieb in den manuell zugänglichen Bereichen Lager- und Pufferplätze mit Übertragungseinheiten versehen werden. Automatisch verwaltete und bediente Lager- und Pufferplätze werden gegen manuelle Eingriffe verriegelt.

## 7.2.3 Systemarchitektur der Pilot-Fertigungszelle

Bei der in Bild 7.5 dargestellten Systemarchitektur bildete das werkstückbegleitende Informationssystem die Basis für die informationstechnische Vernetzung innerhalb der Zelle.

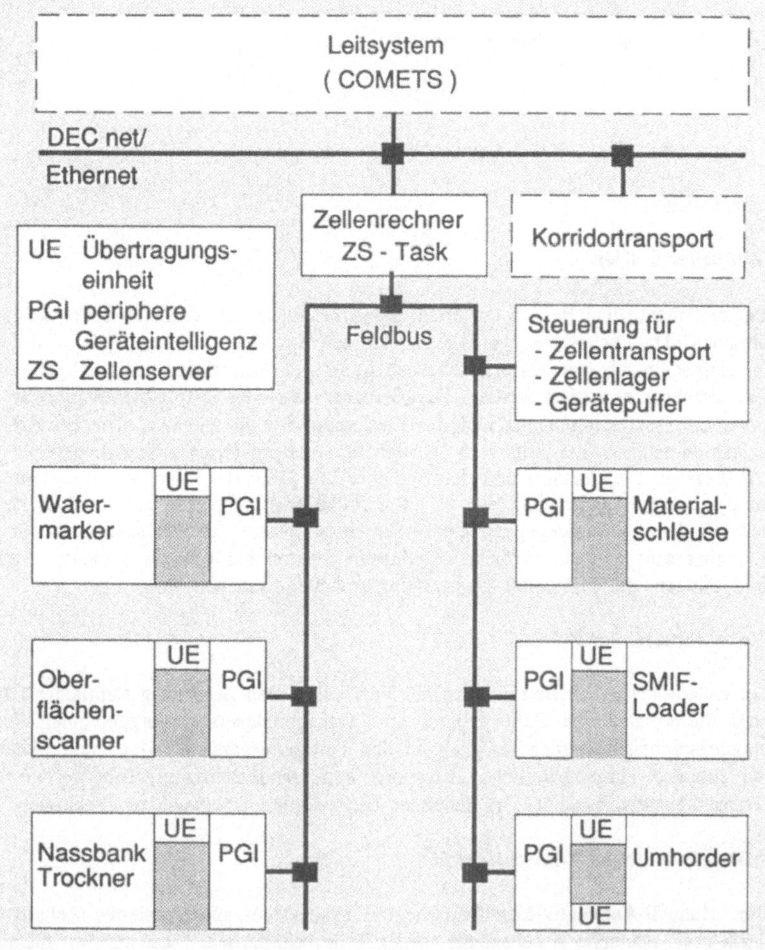


**Bild 7.5:** Systemarchitektur der Pilot-Fertigungszelle

Durch die Ausrüstung mit peripheren Geräteintelligenzen wurden auch nicht kommunikationsfähige Geräte (SMIF-Loader, Naßbank) auf einer einheitlichen Basis (Feldbus) integrationsfähig gemacht. Mit Hilfe der transparenten Übertragungsfunktionen der peripheren Geräteintelligenz wurden die kommunikationsfähigen Fertigungsgeräte (Oberflächeninspektionsgerät, Scheibenmarkierungsgerät) ebenfalls über das Kommunikationsnetzwerk mit dem Zellenrechner verbunden. Dadurch entfiel die sonst übliche SECS-Sternstruktur für die Kommunikation mit Fertigungsgeräten. Die Steuerung von Transportsystem, Zellenlager- und Gerätepufferbedienung erfolgte über ein autonomes Rechnersystem, das mit dem Zellenrechner gekoppelt war.

Das Korridortransportsystem außerhalb der Zelle wurde als Punkt zu Punkt-Förderer ausgeführt und kann direkt mit dem Leitsystem kommunizieren. Es kann jedoch auch Transportaufträge mittels direkter Zielsteuerung aufgrund des Datenträgerinhaltes durchführen.

**Zusammenfassung:**

Als Vorteile gegenüber herkömmlichen Lösungen zeigten sich dabei insbesondere:

**Bei manuellem Betrieb und bei Manuell/Automatik-Mischbetrieb:**

- Boxwechsel und Kassettenwechsel (Umhordungen) können ohne Interaktion mit dem Leitsystem erfolgen.

- Fördergutidentität und Bearbeitungszustand sind direkt ohne Inanspruchnahme des Leitsystems feststellbar.

- Bei Ausfall von Kommunikation oder Leitsystem ist ein sicherer Weiterbetrieb der Fertigung möglich.

- Fehlprozessierungen können nahezu vollständig verhindert werden (Bei lückenlosem Einsatz des Systems).

- Scheibenbruch und Kontamination durch manuelle Eingriffe können nahezu vollständig vermieden werden. (Bei lückenlosem Einsatz des Systems)

- Vollständige Transparenz und Aktualität der Fertigungsdaten in der Geräte-, Zellen- und Leitebene bei optimalen Antwortzeiten sind erreichbar.

- Die gewählte Funktionsaufteilung schafft autarke Teilsysteme, was sich neben der erhöhten Verfügbarkeit auch in einer leichteren Inbetriebnahme und Modifikation äußert.

- Die einheitliche Bedienerschnittstelle der peripheren Geräteintelligenzen auch für die Konfigurierung unterstützt eine einfache Verkettung unterschiedlicher Fertigungsgeräte.

**Bei vollautomatischem Betrieb mit Materialflußautomatisierung und Zellenrechner:**

- ■ Die kurzfristige Materialflußsteuerung und -optimierung kann durch den Zellenrechner vorgenommen werden. Dieser erhält ständig die aktuellen und exakten Fertigungsdaten vom werkstückbegleitenden Informationssystem.

- ■ Der Zellenrechner als CAM-Subsystem kann das übergeordnete Leitsystem entlasten.

- ■ Automatisierte Handhabung und Transport verhindern Scheibenbruch und Kontamination.

## 7.3 Erfahrungen bei der Realisierung

## 7.3.1 Umsetzung in ein Gerätesystem

Die Entwicklung des Labormusters als Vorstufe für die industrielle Umsetzung eines Prototyps trug nicht nur zur Erhöhung der Entwurfssicherheit bei, sondern erlaubte es auch, frühzeitig die Akzeptanz des konzipierten werkstückbegleitenden Informationssystems bei Halbleiterherstellern zu überprüfen. Die getroffenen Einschränkungen beim Labormuster (kontaktierende Übertragung) erwiesen sich für diese Zwecke nicht als Nachteil. Partikelmessungen auf den Scheiben zeigten keine Partikelzunahme gegenüber Be- und Entladevorgängen ohne Kontaktierung. Dies ist sicher der Wirksamkeit des verwendeten SMIF-Systems zuzuschreiben, da an den Kontakten selbst Partikelentstehung durch Abrieb festgestellt wurde. Übertragungsschwierigkeiten aufgrund der Kontaktierung konnten nicht festgestellt werden, was auf die günstigen Umgebungsbedingungen im Testreinraum zurückzuführen ist. Schwierigkeiten traten lediglich durch ungenaues Aufsetzen der Box auf die Be-/ Entladeschnittstelle auf, was beim Prototyp aufgrund der größeren Toleranz der berührungslosen Übertragung nicht mehr zum Tragen kam.

Der in der Pilotzelle eingesetzte Prototyp arbeitet mit Infrarot-Signalübertragung und kontaktierender Energieübertragung. Versuche mit induktiver Energieeinkopplung ergaben einen hohen Platzbedarf für die Koppelspulen. Die Auswahl der Übertragungsart bestimmt in entscheidendem Maße die Systemkosten. Infrarot/Induktivübertragung gestatten die vollständige Kapselung des Gehäuses und damit eine erhöhte Variabilität bezüglich der Lage der Übertragungspunkte. Dies ist insbesondere von Bedeutung, da für diesen Bereich noch keinerlei Standardisierungsansätze vorliegen.

Die durchgeführten Versuche haben auch gezeigt, daß hinsichtlich Speichergröße, Displaygröße und Betriebszeit des intelligenten Hordendatenträgers ohne Nachladen des Akkumulators derzeit noch Grenzen gesetzt sind und Kompromisse eingegangen werden müssen. Hier sind jedoch aufgrund der in naher Zukunft zu erwartenden Verfügbarkeit von Komponenten mit günstigerer Energiebilanz Verbesserungen zu erwarten. Beim Prototyp wurde die Betriebsdauer bis zum Nachladen des Akkumulators bei den in der Pilotzelle simulierten Fertigungsbedingungen mit ca. 3 Monaten ermittelt. Sie liegt damit in der Größenordnung der in der Halbleiterfertigung üblichen Reinigungsintervalle für Transportboxen.

Der Prototyp des intelligenten Hordendatenträgers wurde in SMD-Technik gefertigt. Für größere Stückzahlen wird die Verwendung von ASIC's möglich, wodurch Kosten und Baugröße entscheidend gesenkt werden können.

Zusätzliche Arbeit ist noch für die Weiterentwicklung der Bedienerschnittstelle der peripheren Geräteintelligenz zu leisten. Das am Prototyp verwendete TouchScreen-Display erwies sich als prinzipiell geeignet, jedoch traten unter ungünstigen Bedingungen (Bedienung mit Handschuhen, Verschleppung von Chemikalienresten) Bedienungsschwierigkeiten auf.

Tests der peripheren Geräteintelligenz ergaben, daß die Konfigurierungs- und Verknüpfungsfunktionen für die verschiedenen Kommunikationsschnittstellen erweitert werden sollten. Dadurch wird es möglich, auch komplexere Geräteverkettungen bereits auf der Ebene der peripheren Geräteintelligenzen zu realisieren. Dies erfordert auch die Verbesserung der Bedieneroberfläche am Zellenserver, um in einfacher Weise die Verknüpfung mehrerer peripherer Geräteintelligenzen und der zugeordneten Fertigungsgeräte vornehmen zu können.

## 7.3.2    Integration in die Fertigung

Die Nutzungsdauer einer Chipfertigung liegt heute noch bei maximal 3 Jahren und nimmt mit steigenden technologischen Anforderungen ständig ab. Lösungen zur Fertigungsautomatisierung wie das hier entwickelte Informationssystem können unter diesen Umständen nicht wie bisher üblich in der Fertigung selbst zur Serienreife ausentwickelt werden. Vielmehr können solche Systeme nur Einzug in die Fertigung halten, wenn sie, wie hier in der Pilot-Fertigungszelle durchgeführt, frühzeitig umfassenden Tests unter fertigungsähnlichen Bedingungen unterzogen wurden.

Die in einer Chipfertigung erzielbaren Optimierungspotentiale und ihre Auswirkung auf die Fertigungsausbeute lassen sich jedoch erst unter den realen Einsatzbedingungen quantitativ erfassen.

Die in Kapitel 7 beschriebene Anwendung in der Pilot-Fertigungszelle zeigt die Anwendbarkeit des entwickelten informationstechnischen Systemkonzepts sowie die Integrationsfähigkeit des werkstückbegleitenden Informationssystems unter organisatorischen und informationstechnischen sowie unter gerätetechnischen Aspekten. Dabei wird die integrierende Wirkung des Systems bei der Verkettung inhomogener, nicht standardisierter Fertigungsgeräte deutlich. Insbesondere hat sich bestätigt, daß die heute zur Geräteverkettung übliche Sternstruktur durch ein Bussystem ersetzt werden kann. Für die einfache Realisierung von Geräteverkettungen ist allerdings noch umfangreiche Entwicklungsarbeit für einen "universellen Zellenrechner" als offenes, leicht adaptierbares System zu leisten. Bei der hier verwendeten Lösung wurden nur Minimalfunktionen realisiert.

Außerdem werden die verschiedenen Aufgaben des Systems bei den unterschiedlichen Betriebsarten (Manuell, Automatik, Manuell-/Automatik-Mischbetrieb) erkennbar. Der größte Aufwand war dabei für die Realisierung eines sicheren Manuell-/Automatikmischbetriebs erforderlich. Es bestätigt sich, daß das System in der Lage ist, sich auch den zukünftigen Forderungen im Zuge der Vollautomatisierung der Fertigung anzupassen. In fernerer Zukunft können dabei zum einen die Bedienfunktionen wieder an Bedeutung verlieren, zum anderen können Systemfunktionen des werkstückbegleitenden Informationssystems direkt in Förderhilfsmittel und Fertigungsgeräte integriert werden.

Die Erfahrungen bei der Einführung rechnergestützter Informationsverarbeitung in der Halbleiterfertigung haben die Grenzen zentraler Systeme schnell erkennen lassen (Kapitel 2). Das hier erarbeitete System stellt einen Beitrag zur Dezentralisierung der Leittechnik dar. Dabei darf jedoch die Gefahr von inkonsistenten Daten bei Informationsredundanz in dezentralen Systemen nicht übersehen werden. Dies stellt eine Herausforderung bei der Realisierung der Systemfunktionen dar. Nochmals hervorzuheben ist, daß der Einsatz des werkstückbegleitenden Informationssystems nicht ausschließlich auf die in der Pilot-Fertigungszelle beschriebene optimierte Informationsarchitektur beschränkt ist, sondern daß die sofortige Integration auch in bestehende, konventionelle Informationsarchitekturen möglich ist.

Für die sichere Funktion ist eine lückenlose Installation im geplanten Einsatzbereich erforderlich. Hier sind noch nicht alle erforderlichen Komponenten mit SMIF-Schnittstellen verfügbar. Außerdem ist bei einer Einführung des werkstückbegleitenden Informationssystems auf eine ausreichende Akzeptanz beim Anwender zu achten. Gerade im Fertigungsbereich zeigt man sich gegenüber dem Ersatz konventioneller Datenträger durch elektronische noch skeptisch. Für den Erfolg eines solchen Projektes ist es erforderlich, den Anwender frühzeitig in die Einsatzplanung miteinzubeziehen. Außerdem sollte die Systemoberfläche so gestaltet werden, daß der Bediener zumindest zu Beginn möglichst wenig von seiner gewohnten Arbeitsweise abweichen muß.

# 8 Zusammenfassung und Ausblick

## 8.1 Zusammenfassung

Aufbauend auf dem Stand der Technik und der Zielsetzung ergab die Analyse das Fehlerpotential und die Schwachstellen der Chipfertigung. Sie stellte die Basis für die Formulierung der Entwicklungsschwerpunkte dar. Die Strukturierung und Operationalisierung der Ziele bildete die Voraussetzung für die spätere Variantenauswahl. Durch die systemorientierte Vorgehensmethodik wurden ganzheitliche und innovative Lösungsansätze möglich. Einschränkungen bei der Lösungssuche durch gerätetechnische Abhängigkeiten konnten durch dieses Vorgehen weitgehend vermieden werden. Der Lösungsweg stellte sicher, daß alle Varianten des Lösungsfelds die Forderungen erfüllten. Die Variantenbildung wurde auf rein funktionaler Ebene vorgenommen, um auch hier Einschränkungen durch gerätetechnische Randbedingungen zu minimieren. Basierend auf dem Erfüllungsgrad der abgeleiteten Bewertungskriterien wurde das Systemkonzept ausgewählt.

Die Detaillierung des Systemkonzepts erfolgte als Konzeption eines Gerätesystems für den werkstückbegleitenden Datenträger. Die Trennung von funktionaler Betrachtungsweise und Gerätearchitektur erschloß dabei zusätzliche Freiheitsgrade bei der Konzeption. Dieses Vorgehen gestattete es, den überwiegenden Teil der Ergebnisse unabhängig von den sich rasch entwickelnden Hardwaremöglichkeiten zu halten. Dieser Teil der Arbeit schafft die Voraussetzungen, die für die industrielle Umsetzung in ein Gerätesystem notwendig sind.

An einem Funktionsmuster wurden im Labormaßstab die Systemfunktionen der entwickelten Lösung überprüft. Das Funktionsmuster diente außerdem der Veranschaulichung des Systemkonzepts bei der Diskussion des Lösungsansatzes mit Halbleiterherstellern. Die dabei gewonnenen Erkenntnisse konnten direkt in die Formulierung der funktionalen und gerätetechnischen Eigenschaften des werkstückbegleitenden Informationssystems mit einfließen.

Da es sich bei Konzeption und Einsatz eines werkstückbegleitenden Informationssystems in einer komplexen Fertigung um eine planerische Aufgabe der Daten- und Fertigungsorganisation handelt, kommen hier die spezifischen organisatorischen und fertigungstechnischen Eigenheiten der verschiedenen Halbleiterhersteller zum Tragen. Um dennoch eine weitgehend universelle Lösung zu erreichen, wurde der Forderung nach hoher Systemvariabilität zentrale Bedeutung zugemessen. Bei der Konzeption wurden daher nur geringe Einschränkungen hinsichtlich der Systemeigenschaften vorgenommen. Vielmehr wurde durch ein modulares Hardwarekonzept und leistungsfähige Software-Grundfunktionen ein variables Grundsystem zur Realisierung verschiedener Varianten geschaffen. Das Ziel, im CAM-Bereich eine integrierende Komponente für die heterogene Fertigungsgerätewelt als Basis für die CIM-Fähigkeit der Fertigung zu schaffen, wurde erreicht. Dabei konnte sowohl die Anwendbarkeit des entwickelten informationstechnischen Systemkonzepts in der Chipfertigung als auch die Umsetzbarkeit des Systemkonzeptes in ein Gerätesystem überprüft werden. Die Verwendung werkstückbegleitender Informationsspeicher als Grundlage für ein den spezifischen Anforderungen der Halbleiterfertigung anpaßbares Informationssystem erwies sich als geeignet.

Das konzipierte System dient der Betriebsdatenerfassung, Fördergutidentifikation und Bedienerführung. Es ist geeignet, anstelle eines Einzelscheibenidentifikationssystems, aber auch mit diesem zusammen zu arbeiten. Es besitzt darüberhinaus die Möglichkeiten zur dezentralen Materialflußsteuerung mittels der auf dem Datenträger enthaltenen Informationen. Es ist sowohl eigenständig als auch in Zusammenarbeit mit Leitsystemen arbeitsfähig. In seiner Datenorganisation und seinen Funktionen ist es weitgehend durch den Anwender konfigurierbar.

Die Erfahrungen bei der Realisierung der Pilotanwendung haben gezeigt, daß die Einsatzgrenzen des werkstückbegleitenden Informationssystems heute noch weitgehend von der Verfügbarkeit standisierter mechanischer Schnittstellen bestimmt werden. Die Chancen für die Durchsetzung des werkstückbegleitenden Informationssystems als universelle Basis-Komponente im CIM-Verbund einer künftigen Halbleiterfertigung hängen sicher stark von einer Standardisierung der Schnittstellen, Aufzeichnungsformate, Dateninhalte usw. ab. Nicht zuletzt schafft die durchgeführte Arbeit eine Basis, um solche Überlegungen frühzeitig in die Gerätekonzeption der Fertigungsanlagen einfließen zu lassen.

Insgesamt schafft die vorliegende Arbeit durch das beschriebene informationstechnische Konzept eine Grundlage für eine rechnerintegrierte Halbleiterfertigung. Mit dem entwickelten, werkstückbegleitenden Informationssystem steht dabei die technische Basiskomponente für die Realisierung des informationstechnischen Konzepts zur Verfügung. Schon der alleinige Einsatz dieser Komponente in bestehende Chipfertigung läßt eine Steigerung der Wirtschaftlichkeit durch Vermeidung von Fehlprozessierungen  erwarten.

## 8.2    Ausblick

Die mit dem Funktionsmuster durchgeführten Versuche bestätigen die Richtigkeit des Ansatzes und die daraus entstehenden Optimierungspotentiale. Für eine Weiterentwicklung sind durch technologische Maßnahmen (SMD-, Gatearray-, Hybridtechnik) erhebliche Verbesserungen hinsichtlich Baugröße und Kosten zu erwarten. Dabei kommt die Tendenz zu steigenden Speicherkapazitäten und sinkenden Hardwarekosten zum Tragen. Der Trend zu höherer Flexibilität und Verfügbarkeit in der Halbleiterfertigung sowie der steigende Einzelscheibenwert lassen zunehmende Einsatznotwendigkeiten für derartige Systeme erkennen.

Ein Entwicklungsdefizit besteht dabei insbesondere noch bei leistungsfähigen, flexiblen Zellenleitsystemen, die neben den vorgestellten Zellenserverfunktionen auch Funktionen der Prozeßdatenverwaltung und Transportsteuerung übernehmen können. Hier ist - auch im wissenschaftlichen Bereich - noch weitere Arbeit zu leisten.

Mittelfristig werden sicher auch kostengünstige, zuverlässige Einzelscheibenidentifikationsverfahren zur Verfügung stehen. Sie können keinen Ersatz, wohl aber eine Ergänzung für ein hordenbegleitendes Informationssystem bieten. Eine optimale Lösung stellt sicher die Kombination der Einzelscheibenidentifikation mit dem hier entwickelten Verfahren dar.

Die Möglichkeit des werkstückbegleitenden elektronischen Informationsspeichers mit Visualisierungsmöglichkeiten der werkstückbezogenen Daten ("elektronische Laufkarte") in Verbindung mit der hohen Systemvariabilität des konzipierten Systems erschließt Anwendungsbereiche weit über die Halbleiterfertigung hinaus. Gerade "High-Tech"-Branchen mit geringem Automatisierungsniveau, ausgeprägtem Laborcharakter und mit auch noch in naher Zukunft hohem Anteil an manuellen Tätigkeiten wie Pharmazie, Gen- und Bioverfahrenstechnik bietet sich damit die Möglichkeit der Fertigungsoptimierung durch Bedienerunterstützung und durch stufenweise Einführung von Rechnerunterstützung. Die Einsatzbereiche für eine "elektronische Laufkarte" liegen darüber hinaus überall dort, wo - z. B. aus Sicherheitsgründen - eine lückenlose, detaillierte Dokumentation des Fertigungsprozesses erforderlich ist. Mit der Einführung der Produkthaftung in der BRD ist mit einer starken Zunahme solcher Einsatzbereiche zu rechnen.

Äußerst wichtig bei der Einführung derartiger Systeme in einer Fertigung mit hohem Anteil an manuellen Tätigkeiten (Manuell-Automatik-Mischbetrieb) ist es, die Akzeptanz beim Bedienungspersonal sicherzustellen. Da solche Systeme auch zur vollständigen Personenüberwachung geeignet sind, kann das Projekt nur Erfolg haben, wenn durch geeignete Maßnahmen ein Mißbrauch ausgeschlossen wird.

# 9 Literaturverzeichnis


/1/

SEMI Equipment Communications Standard (SECS I) and SEMI Equipment Communications Standard 2, Message Content, Book of SEMI Standards 1987, Volume 2 Equiment Automation Division

/2/

Semiconductor Equipment and Materials Institute. 625 Ellis St., Mountain View, California, U.S.A.

/3/ Kaempf, U.;Parikh, M.: "A Technology for Wafer Cassette Transfer in VLSI Manufacturing." In: Solid State Technology, July 1984, pp. 111-115

/4/

Semiconductor Equipment and Materials Institute, 625 Ellis St., Mountain View, California: SEMI Specification E1, E2, E3, 1987.

/5/ Wohnhas, S.; Sauter, K.-D.; Mack, A.: "Halbleiterfertigung (Teil 2):Vermeidung von Umhordevorgängen als Strategie zur Materialflußoptimierung." In : Productronic 1/2-1988, S. 26 -30

/6/

Semiconductor Equipment and Materials Institute, 625 Ellis St., Mountain View, California: Doc # 1332; SEMI Standard, Mechanical Interface for Wafer Cassette Transfer (Proposed)

/7/ Skidmore, K.: "A Look at the Past and a Glimpse into the Future." In: Semiconductor International, December 1988, pp. 68 -75.

/8/ Steinberger, H.: "Halbleiterfertigung - Porträt einer Branche", mi-Publikation.

/9/ Lang, D.; Denning, P.: "CAM-System Requirements for ASIC Manufacturing." In: Solid State Technology, May 1986, pp. 157 - 161

/10/ Schmutz, W.; Sauter, K.-D; Mack, A.; Frühauf, W.; v.Kahlden, Th.: "Automatisierungsgesichtspunkte für Halbleiterfertigungsgeräte."Vortrag auf Productronica 1987, Tagungsband

/11/

VLSI-Research Inc., California, U.S.A.

/12/ Mack, A.; Sauter, K.-D.; Wohnhas, S.: "Halbleiterfertigungstechnik (Teil 1): Vom Labor zur Fertigung." In: Productronic 12/1987, S. 30 - 32

/13/ Mack, A.; Sauter, K.-D.; Wohnhas,S.: "Systemfähigkeit unabdingbar, Ratiopotential in der Halbleiterfertigungstechnik." In: Hard and Soft, Nov./Dez. 87, S. 38 - 40

/14/ Warnecke, G.: "Produktionsfaktor Wissen." In: VDI-Zeitung, November 1988, S. 12 - 16

/15/ Singer, P.H.: "Computerizing the Process Line: A Must for Automation." In: Semiconductor International, April 1984, pp. 68 - 73.

/16/ Marialke, J.: "Konzept zur Informationsverarbeitung in der Produktion." In: Der Elektroniker,4/1983, S. 20 - 23

/17/ Patzak, G.: Systemtechnik - Planung komplexer innovativer Systeme, Grundlagen, Methoden, Techniken. Springer-Verlag

/18/ Daenzer, W.F.: Systems Engineering, Peter Hanstein Verlag GmbH, Köln, Verlag Industrielle Organisation, Zürich

/19/ Ruge, I.: Halbleiter-Technologie, 2. Überarbeitete und erweiterte Auflage von Hermann Mader, Springer Verlag, Berlin 1984

/20/ Kästner, P.: Halbleiter-Technologie Kamprath-Reihe,Vogel-Verlag

/21/ Practical Integrated Circuit Fabrication. Integrated Circuit Engineering Corporation, Scottsdale, Arizona 85260, U.S.A.

/22/ Steinberger, H.: "IC-Herstellung: Vom Schaltungsentwurf zum Chip." In: Elektronik 22 /31.10.1985, S. 120 - 128

/23/ N.N.: "Roboter in der Reinraumtechnik." In: Flexible Automation 2/1987

/24/ Burggraaf, P.: "Semiconductor Factory Automation: Current Theories." In: Semiconductor International, October 1985

/25/ Sachse, C.:      "Billige Maßanzüge." In: Management Wissen 7/88, S. 60 - 65

/26/ N.N:      Technologie Nachrichten, Programm-Information Nr. 456, 5. Oktober 1989, Eureka-Programm JESSI

/27/ Schraft, R.-D.; Ryssel, H.; Schmutz, W.; Frühauf, W.; Aderhold, W.; Sauter, K.-D.; Herz, R.; v.Kahlden, T.:      "Studie über den Stand der Technik und zukünftige Anforderungen an Fertigungseinrichtungen zur Herstellung von Halbleiterbauelementen unter Berücksichtigung verschiedener Herstellungsverfahren." Gefördert vom BMFT, Forschungsvorhaben NT 26970, April 1986

/28/ Wood, P.M.:      "SECS Update: Semiconductor Manufacturers Get Involved." In: Solid State Technology, July 1988

/29/ Burns, G.:      "Will there be cleanrooms in the Future?." In: Solid State Technology, December 1988

/30/ Schmutz, W.:      "Produzieren im Reinraum, automatisierte Fertigungseinrichtungen für verschiedene Reinraumkonzepte." MIC-Fachtagung, Stuttgart.

/31/ N.N.:      DIN 19233, Automat, Automatisierung, Begriffe. Fachnormenausschuß Messen, Steuern, Regeln (FMSR) im Deutschen Normenausschuß (DNA), 1972

/32/ Armstrong, W.E.:      User View of Automation for 150 mm Wafer VLSI Production, Intel Corporation, Albuquerque, New Mexico, U.S.A.

/33/ Wood, P.M.:      "SECS and the Semiconductor Industry." In: Solid State Technology, May 1986

/34/      VDI/VDE-Richtlinien, Beschreibung von Steuerungsaufgaben - Entwurf, VDI-Verlag GmbH, Düsseldorf 1984

/35/      Integrierter EDV-Einsatz in der Produktion, CIM - Computer Integrated Manufacturing, Begriffe, Definitionen, Funktionszuordnungen. AWF-Ausschuß für wirtschaftliche Fertigung

/36/ Miska, F.M.:      CIM - Computer-integrierte Fertigung: Konzepte, Planung, Realisierung. Verlag Moderne Industrie, 1988

/37/ Pritschow, G.: "Die flexible Fertigungszelle." In: wt, 75-1985, S. 663 - 668

/38/ Groha, A.; Klippel, C.: "Die Information kommt mit dem Werkstück." In: NC-Praxis, April 1986, S. 97 - 102

/39/ Automatisierte Materialflußsysteme, Schnittstellen zwischen den Funktionsebenen. VDI-Richtlinie 3628 (Entwurf), VDI-Handbuch für Materialfluß und Fördertechnik, April 1984

/40/ Groha, A.; Schönecker, W.: "Universelles Zellenrechnerkonzept zur Nutzungsverbesserung flexibler Fertigungssysteme." In: Werkstattstechnik. 78/1988, S. 313 - 318

/41/ Milberg, J.; Groha, A.: "Der Zellengedanke als Strukturierungsprinzip im Informations- und Materialfluß flexibler Fertigungssysteme." In: ZwF, 12-1986, S. 682 - 687

/42/ Milberg, J.; Groha, A.: "Verfügbarkeit steigern im Informationsfluß flexibler Fertigung." In: Industrie Anzeiger, 60/61/1986, S. 28 - 31

/43/ Mertins, K.: "Entwicklungsstand flexibler Fertigungssysteme - Linien-, Netz- und Zellenstrukturen." In: ZwF 80, 6/1985, S. 249 - 265

/44/ Weck, M.; Friedrich, A.: "Datenkommunikation in der Fertigung." In: Industrie-Anzeiger 39/1988, S. 16 - 19

/45/ Dangelmaier, W.: "Integration des Informationsflusses für die Auftragsabwicklung." In: Der Elektroniker 2/1989, S. 36 - 43

/46/ Heinicke, J.: "Dezentral erkennen und eingreifen." In: Elektrotechnik 70, H. 6, 14. April 1988, S. 16 - 23

/47/ N.N.: "Technologie ganz easy." In: Computer & Elektronik, Dezember 1987, S. 72 - 74

/48/ N.N.: "Die Steuerung ist redundant und dezentral." In: Moderne Fertigung, September 1988, S. 74 - 78

/49/ Waller, S.: "Leittechnik in der automatisierten Produktion." Kolloquium Automatische Produktionssysteme 14.-15.2.1985, Technische Universität München

-110-

/50/ Vajna, S.: Wörterbuch der CAD/CAM-Technologie. Dressler Verlag Heidelberg 1987

/51/ N.N.: COMETS (Comprehensive Online Manufacturing and Tracking System), An Overview on COMETS. Digital Applications International, London, Frankfurt, Manchester

/52/ PROMIS (Process Manufacturing Integration System), Technical Summary. PROMIS Systems Corporation, 4699 Old Ironside Drive Ste. 300, Santa Clara, CA 95054, U.S.A.

/53/ Burggraaf, P.: "CAM Software - Part 1: Choices and Capabilities." In: Semiconductor International, June 1987, pp. 57 - 61

/54/ Watts, H.A.: "CAM: Lot Tracking and More." In: Semiconductor International, July 1987, pp. 66 - 68

/55/ N.N.: "Semiconductor Factory Automation: Strategic User and Supplier Issues." In: The Information Network, San Fransisco, CA, USA, pp. 6 - 5 to 6 - 17

/56/ Spezifikation Wafer Marking Systems, Laser Identification Systems Inc., Camarillo, CA, U.S.A.

/57/ Produktinformation Lasermark, Lumonics Corporation, Camarillo, CA, U.S.A.

/58/ VDI-Gesellschaft Material- und Fördertechnik, VDI-Berichte 541: Identifikationstechniken für den Materialfluß, Tagung München 22. und 23.10.1984

/59/ Müller, W.: OCR-Lesesysteme, VDI-Berichte 541, Identifikationstechniken für den Materialfluß, Tagung München 22. und 23.10.1984

/60/ Semiconductor Equipment and Materials Institute. 625 Ellis St. Mountain View, California, U.S.A.: M1.1-85, SEMI Specifications for Alphanumeric Marking of 100 mm, 125 mm and 150 mm Silicon Slices

/61/ Kuhn-Kuhnenfield, F.: Automatic Identification of Silicon Wafers. Wacker Chemie, Burghausen

/62/ Spratte, H.:

"Neuartiges Verfahren zur Einzelwaferidentifikation." Vortrag gehalten auf der VDI/VDE-Arbeitskreissitzung "Identifikation", 7.11.88, IPA Stuttgart

/63/ Schulze, R.:

"Japanische Produzenten beherrschen den Chip-Markt, ("...daraus kann ein Stoß ins Herz der industriellen Basis werden")." In: VDI Nachrichten, Nr. /2/ 24.3.89, S.3

/64/

Produktinformation FAST-System zur Carrieridentifikation. Flouroware Inc., U.S.A.

/65/ Hughes, R.A.:

"Assembly Packaging and Testing Needs: A Merchant Semiconductor User's Viewpoint." SEMI-Forecast '87-'89

/66/ Burggraaf, P.:

"CAM Software - part 2: Implementation and Exspectations." In: Semiconductor International, July 1987, pp. 63 - 65

/67/ Kuba, R.:

"Fachartikel - Fehler und Mängel." In: Messen Prüfen Automatisieren, September 1984, S. 438 - 454

/68/ Arnold, D.:

"Identifikationssysteme im Materialfluß." In: Fördertechnik 4/88, S. 11

/69/ Atherton, R.W.:

"Automation of IC Manufacturing: Control Problems." In: Semiconductor International, May 1986, pp. 218 - 223

/70/ Atherton, R.W.;
Dayhoff, J.:

"Improving Wafer Throughput and Yield by Simulating Wafer Flow." Vortrag auf Semicon/West '85, Proceedings pp. 63 - 69

/71/ Warnecke, H.J.:

Der Produktionsbetrieb. Eine Industriebetriebslehre für Ingenieure. Springer-Verlag, 1984.

/72/ Schraft, R.-D.:

Automatisierung in Montage und Handhabungstechnik. Manuskript zur Vorlesung, Universität Stuttgart

/73/ Miller, K.F.:

Clean Room Robotics. SEAI Technical Publications, P.O. Box 590, Madison, GA 30650, U.S.A.

/74/ Kaempf, U.:

"A Strategy for Automation." Vortrag auf Semicon Europe '85, Proceedings pp. 37 - 43

/75/ Wohnhas, S.; Sauter, K.-D.; Mack, A.: "Reduction of Wafer Transfer for Optimizing Material Flow." In: Solid State Technology, February 1988, pp. 43 - 45

/76/ Leitner, M.P.: "Making the Host Connection, Recipe Management." Vortrag auf Factory Automation '86, STEP Scotland, October 3rd, Holyday Inn, Glasgow,Proceedings pp. 42 - 50

/77/ Smith, M.L.; Venkatesh, S.; Kumamraawany, J.; Parten, M.E.: "Modeling and Simulating of a Semiconductor Front End." Vortrag auf Semicon/Southwest 1986, Technical Program, Proceedings, pp. 178 - 182

/78/ Campbell, D.M.; Ardehali, Z.: "Process Control for Semiconductor Manufacturing." In: Semiconductor International, June 1984, pp. 127 - 131

/79/ Kokkonen, K.: "Data Analysis Uses RS/1 to Ease Process Development." In: Semiconductor International, January 1985, pp. 140 - 143

/80/ Friedrichs, P.; Gromotka, W.: "Fertigungsleitsysteme." In: VDI-Zeitung, November 1988, S. 41 - 47

/81/ Tüchelmann, Y.: "Anwendersoftware zur Planung, Organisation, Steuerung und Überwachung von Fertigungsinseln."In: AV, 4/1988, S. 123 - 126

/82/ Bäck, U.: "Betriebsdatenerfassung - Kommunikations- und Datenerfassungsprobleme in rechnergeführten Fertigungsanlagen." PDV-Berichte, Oktober 1974

/83/ Kühnle, H.; Balzer, H.: "Integrationskomponente PDE bestimmen." In: Fördern und Heben 11-1988, S. 867 - 870

/84/ Duelen, G.: Informationsarchitektur in datengetriebenen Fabriken. Berlin, 1989

/85/ Warnecke, H.J.; Daneser, R.: "Dezentrale Betriebsdatenerfassung für die Fertigungssteuerung." Referatmappe Concepta 78, Deutsches Betriebsleiterforum, Gräfelfing, Technischer Verlag Resch, 1987

86/ Schlag, M.: "EDV-gestützte PPS unter Berücksichtung von Fertigungsinseln." In: AV, 5/1988, S. 163 - 166

/87/                  Elektronische Datenverarbeitung bei der Produktionsplanung und Steuerung VI., VDI-Taschenbücher

/88/ Harper, J.: "Wafer Fab Automation Technology and Payback." Vortrag auf Factory Automation '85 STEP Scotland, October 3rd, Holiday Inn, Glasgow, Proceedings pp. 61 - 66

/89/ Soltis, D.J.: "Automatic Identification Systems: Strengths, Weak-nesses and Future Trends." In: Material Handling Engineering, Nov. 1985, pp. 55 - 59

/90/ Hansen, H.-G.: 'Zweifelsfrei identifiziert, Teil 1." In: Materialfluß Heft 2/1987, S. 72 - 79

/91/ Wisnosky, D.E.: "Planning and Managing Total CIM-Systems." Vortrag auf Factory Automation '85, STEP Scotland, Glasgow, Proceedings pp. 225 - 234

/92/ Lutz, P.: "Leitsysteme für die rechnerintegrierte Auftragsabwicklung." In: iwb Forschungsberichte Bd. 16, Springer-Verlag 1987

/93/ Weber, A.: "Effective Design and Integration of distributed multi-vendor Automation Systems." Semicon/Southwest 1986, Technical Program, Proceedings, pp. 185 - 197

/94/ Gentner, R.: "Modelle von Informationssystemen zur Fertigungssteuerung und ihre Gestaltung unter betrieblichen Gesichtspunkten." Reihe Forschung und Praxis, Bd. 53, Springer-Verlag 1981

/95/ Lauber, R.: Prozeßautomatisierung. Bd. 1 Springer-Verlag 1989

/96/ "Tracking, Identification and Control." Proceedings of the 1st International Conference, 2.-3. November 1988, IFS Publications, Springer

/97/ Narasimhan,S.L.; Koza, R.C.: "Automatic Identification Systems Serve as Integrators in the Factory of the Future." In: IE February 1985, S. 58 - 66

/98/ Warnecke, H.J.; Sauter, K.-D.; Wohnhas, S.: "Halbleiterfertigung: Identifikation - Voraussetzung für die Materialflußautomatisierung (Teil 3)." In: Productronic 4-1988, S. 86 - 88

-114-

/99/ Luhn, G.: "Die "Intelligente Loskarte" - Möglichkeiten der Systementwicklung." Siemens GmbH München, MTZ 24, 1987

/100/ Luhn, G.: "Konzeptpapier für die Einbeziehung der "Intelligenten Loskarte" in die Siemens CAM-Umgebung zur Herstellung integrierter Schaltungen." Entwurf. Siemens GmbH München, MTZ 24, 1987

/101/ Blomeyer-Barten - stein,H.P.; Both, R.: Datenkommunikation und lokale Computernetzwerke. 2. überarb. u. akt. Aufl. Haar Verlag Markt & Technik 1985, S. 153 ff.

/102/ N.N.: "Work Cells, Structure and Control, Special Interest Group - VLSI Manufacturing Automation." Second Workshop of 17th and 18th March Manufacturing Automation, Second Work-shop of 17th and 18th March, Brussels

/103/ N.N.: "Lokale Netzwerke - die Basis für integrierte Informations-Systeme." Datenkommunikation, Elektronik-Sonderheft Nr. 56

/104/ Swoboda, J.: Codierung zur Fehlerkorrektur und Fehlererkennung. R. Oldenburg-Verlag München/Wien 1973

/105/ Petersen, W.W.: Prüfbare und korrigierbare Codes. R. Oldenburg-Verlag 1967

/106/ Grohrock: Pflichtenheft SMIF-Transportbox. Siemens GmbH München, MTZ 241, 1988

/107/ Sweetman, D.: "Calculate the MTBF of EEPROMs with on-chip error correction." In: Electronic Design, Feb.4, 1988, pp. 95-97

/108/ Jaksch, H.-D.: "Ausfallsichere Speichersysteme durch Lithium-Back-Up." In: der elektroniker, Nr.1/-1988, S.48-51

/109/ Hiroyoshi, K.; Katsumi, S.: "CIM Approach for VLSI Manufacturing." Vortrag auf ISMSS '89, Burlinggame, CA, U.S.A., May 22-24, 1989

/110/ N.N.: Practical Integrated Circuit Fabrication, Integrated Circuit Engineering Corporation ICE, Scottsdale Arizona 85260, U.S.A., pp. 8-1

/111/ N.N.: Atcor, Systems for Cleaning, CRD-2010 Decontamination System Specifications. Produktinformation, Atcor, Mountain View, California, U.S.A.

/112/ Ellis, B.N.: Cleaning and Contamination of Electronics Components and Assemblies, Electrochemical Publications Limited 1986, Ayr, Scotland

/113/ Scott, C.: "Material Selection for Cleanroom Compatability." In: Microcontamination, April 1987, pp. 18-28

/114/ N.N.: XICOR-Datenblatt, 16K Comerical Industrial, X24C16/X24C16i Electrically Erasable PROM

/115/ Weck, M.; Dern, U.; Leiendecker, M.: "Identifikationssysteme für Automatierungsaufgaben." In: Industrie-Anzeiger, Nr. 1/2 7.1.1986/108.Jg.

/116/ Thomas, R.: "Review of the Opus Systems 532 Personal Mainframe." In: Unix/World, May 1986, pp.56-62.

/117/ N.N.: "Im Vergleich: Lokale Netze für Unix-Systeme." In: Elektronik 19/20.9.1985, S.195-200.

/118/ Jackson,M.A.: Principles of Program Design. Academic Press London, 1975

/119/ N.N.: KIN, Kuhnke-Industrie-Netz, Produktionformation, Kuhnke Elektronik GmbH 1987

/120/ Kühne, D.: "Anwendung $I^2$C-Bus-Monitor." In: Elektronik Industrie, Heft 5, 1984, s. 98 f.

/121/ Petersen, K.: "$I^2$C-Bus-Monitor." In: Elektronik Industrie, Heft 5, 1984, S.98 f.

/122/ Dolezalek, C.M.; Ropohl, G.: "Flexible Fertigungssysteme - die Zukunft der Fertigungstechnik." In: wt-Z. ind. Fertig. 60(1970) Nr. 84

/123/ N.N.: Produktbeschreibung $E^2$PROM-Karte mit dem $I^2$C-Bus, ORGA-Kartensysteme, Dreieich

/124/ VDI/VDE-Fachkreis für Mikroelektronik: Vorschlag zur Standardisierung von Schnittstellen bei lokalen Reinraumsystemen, IPA Stuttgart, 1987

/125/ Sumito, M.: "Competition in Japan Heats Up for 4 Mb DRAMs." In: SEMI Channel Magazine, October 1989